数理化原来这么有趣

张 端◎编著

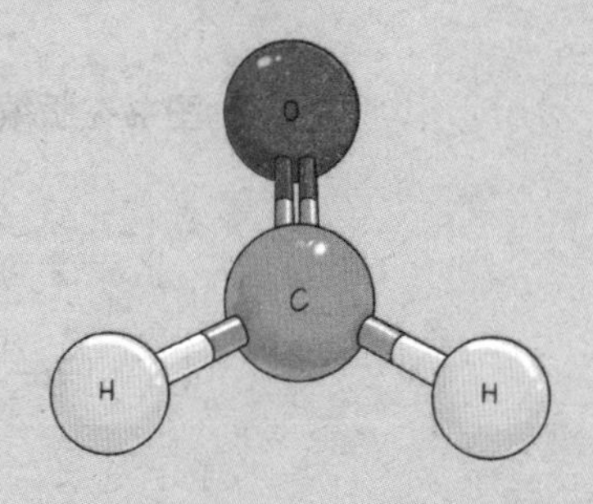

化学 上册

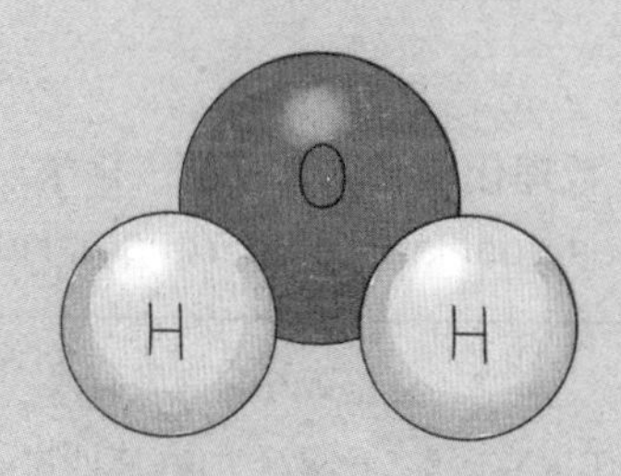

航空工业出版社

内容提要

本书以各种化学现象为切入点，讲述了有机化学、无机化学、核化学、生物化学、物理化学等方面的趣味知识以及相关化学家的故事。通过阅读这些妙趣横生的知识点和这些化学家的故事，青少年能轻松喜欢上这门学科。

图书在版编目（CIP）数据

数理化原来这么有趣．化学 ：全2册 / 张端编著 ．-- 北京 ：航空工业出版社，2021.7（2023.7 重印）

ISBN 978-7-5165-2536-4

Ⅰ．①数… Ⅱ．①张… Ⅲ．①化学－青少年读物 Ⅳ．① O-49

中国版本图书馆 CIP 数据核字（2021）第 084367 号

数理化原来这么有趣．化学
Shulihua Yuanlai Zheme Youqu. Huaxue

航空工业出版社出版发行
（北京市朝阳区京顺路5号曙光大厦C座四层 100028）
发行部电话：010-85672688 010-85672689

唐山楠萍印务有限公司印刷　　全国各地新华书店经售
2021年7月第1版　　2023年7月第7次印刷
开本：787×1092 1/16　　字数：280千字
印张：12.75　　定价：198.00元（全6册）

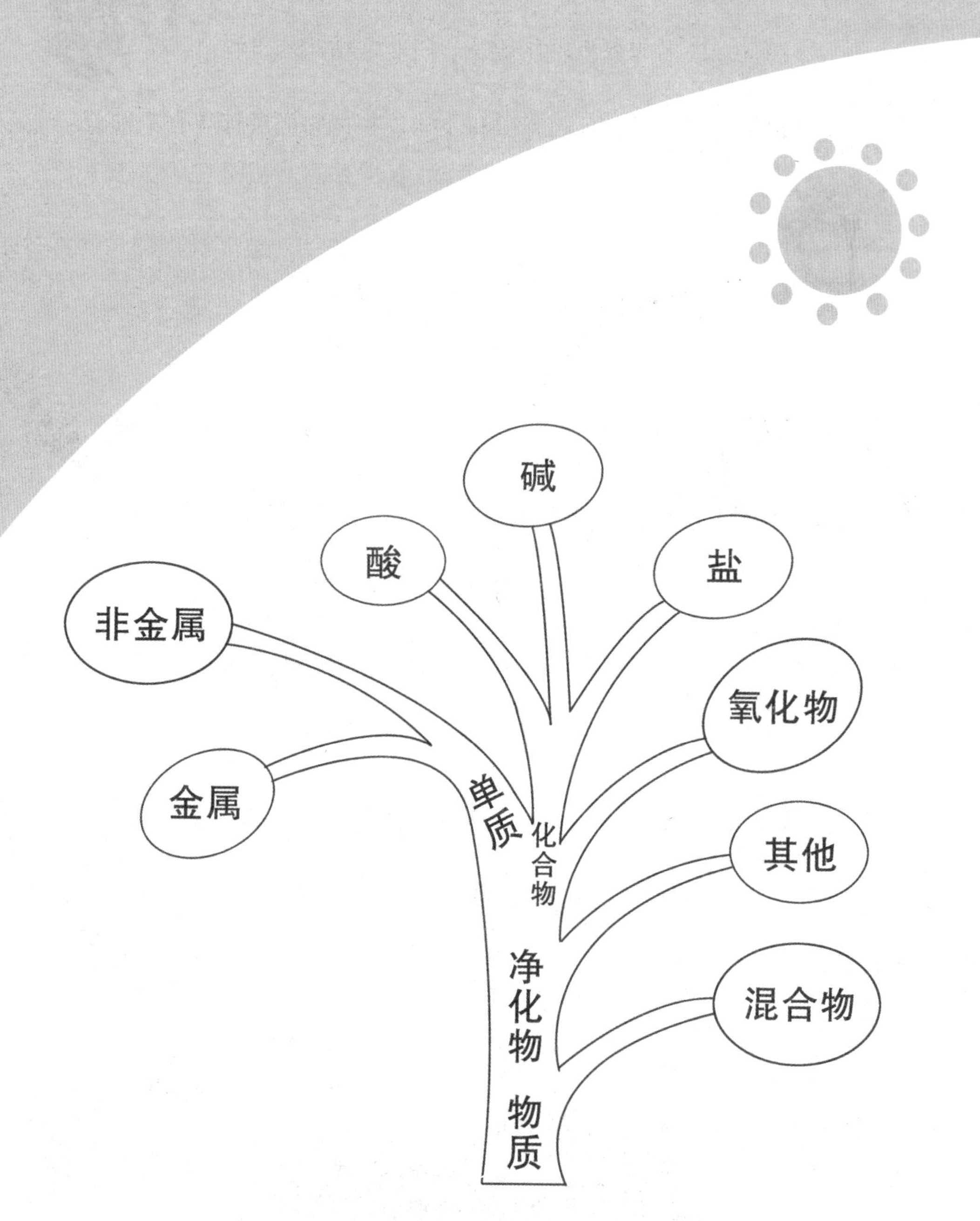

物质的分类：树状分类法

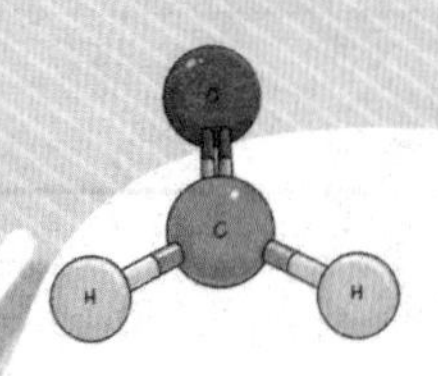

前言

在很多人的印象里，化学是一门非常枯燥的学科，需要大量地记忆物质性质、反应现象和定律，并把它们进行综合，只有上实验课的时候才会感觉到化学的有趣。

实际上化学是一门非常有意思的学科，我们生活的周围到处都蕴含着化学知识。大到宇宙、地球，小到我们身边的空气、水、食物都含有 “化学”物质，就连我们人类自身都是由各种元素组成的。化学，为我们打开了一扇认识世界和自身的大门。

不但如此，化学也是一门非常有用的学科，世界上的物质有很多规律可循。某些物质可以互相转换，某些物质在一起会发生不可思议的变化，掌握了这些规律，对于我们的生活是非常有指导意义的。可以说，从人类开始认识和改造物质开始，化学就已经诞生了。利用化学知识，我们可以更加科学地进行

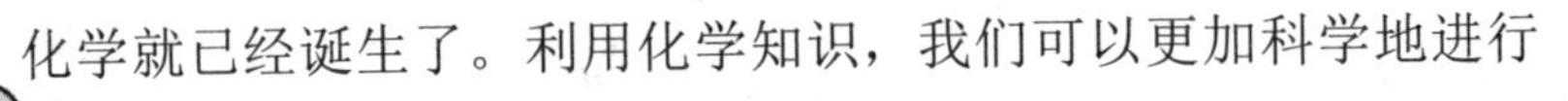

生产生活，有效利用能源，减少污染，研制缓解病痛的药物等等。随着生活水平的提高，人们越来越追求健康、高品味的生活，化学与生活的联系也越来越密切了。只要你留心观察、用心思考，就会发现生活中的化学知识到处可见。

本书就是要通过对许多化学现象和知识的解释，使同学们在增加知识的同时，更认识到化学是一门非常有趣生动的、贴近生活的科学，用化学知识可以解决生活中的实际问题，可以帮助我们最终形成认识世界的一些基本方法。每一部分都精选了许多贴近生活和青少年感兴趣的化学内容，相信会让你在获得知识的同时，也对化学这门学科产生浓厚的兴趣。

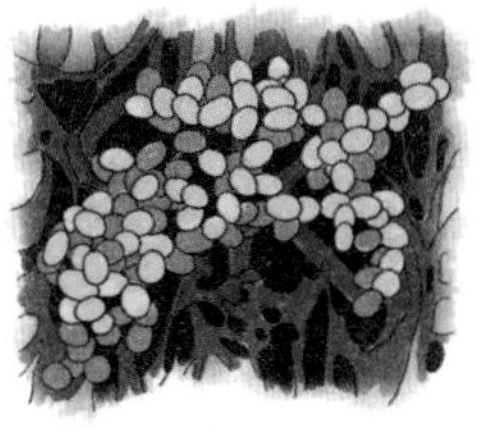

CONTENTS 目录 上册

Part1 神奇的化学

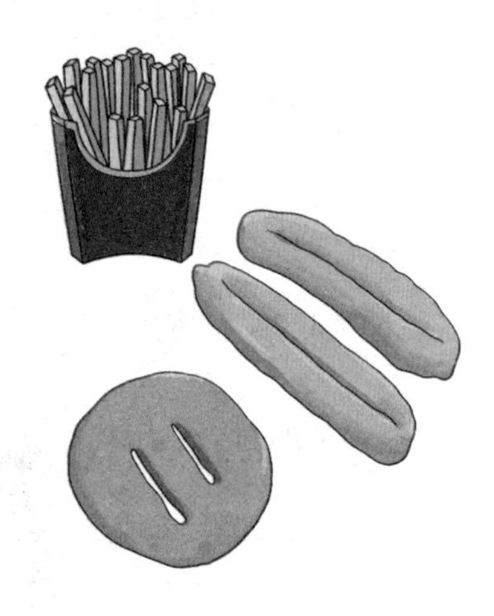

Part2 生活中的化学

Part3 生产中的应用化学

Part4 元素的世界

CONTENTS 目录 下册

Part5 小动物与生物化学

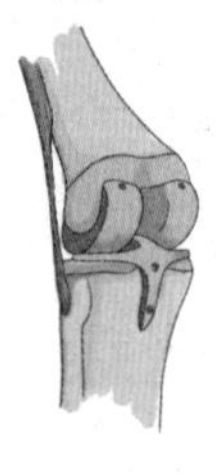

Part6 植物的“化学生活”

Part7 核化学解读

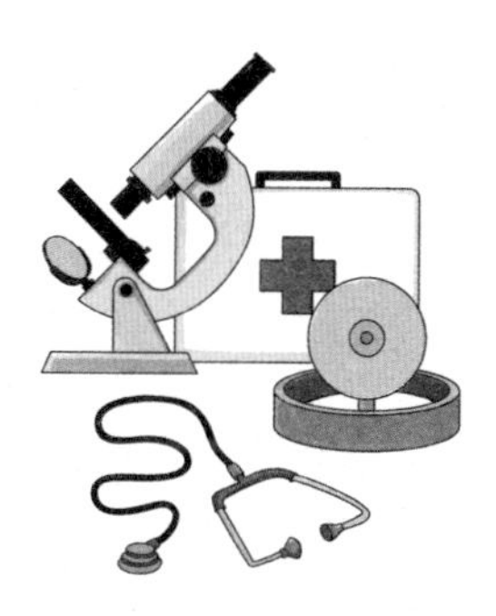

Part8 化学家的故事

Part1

神奇的化学

1 千年不褪的墨迹

在我国众多的文物中，名人字画是其中非常重要的一部分，有的已保存一千多年之久。比如，王羲之的字，曾被乾隆皇帝倍加珍爱，至今仍保存在故宫博物院里。纸边早已泛黄，但它上面的墨迹却依然清晰，色泽如初，堪称瑰宝。为什么经历了这么长的时间，字画上的墨迹仍没有褪色呢？让我们一起来了解一下其中的奥秘。

古人的字画之所以可以保存上千年而不褪色，是源于他们所使用的墨非常特别，它的主要原料是烟炱，其实就是烟囱里冒出的黑烟。烟炱中碳含量较高，在常温下，它的化学性质稳定，不受空气和阳光的影响，也不与其他物质发生化学反应，可以长久地保持原有的颜色和性状。即使到了现在，都还没有一种漂白剂或其他化学试剂能将墨迹除去。

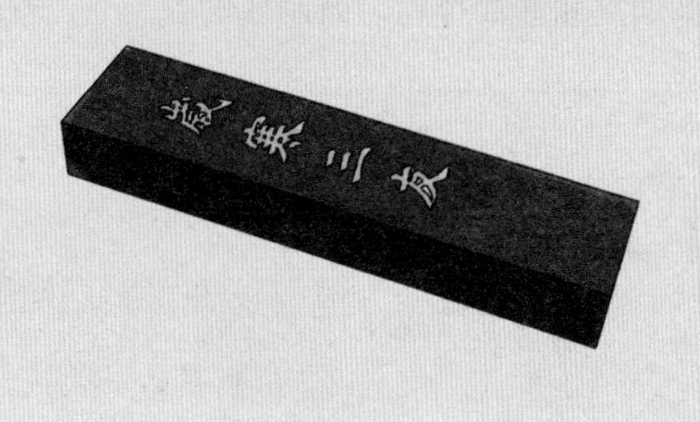

烟炱是墨的主要原料，但必须经过一系列的加工才可以使用，那么烟炱是怎样被制成墨的呢？将烟炱、胶料、香料、石炭酸加蒸馏水烊胶后制成墨坯，再加天然麝香、梅片等香料后捶打，使之变细腻后制成墨锭，再经过雕刻、着色、翻晾阴干，就成为了块状的墨。使用时，只要加水在砚台上研磨就行了，我们在古装剧中常常可以看到磨墨的场景。

墨的发明是我国对世界文化作出的重要贡献。但我们现在写毛笔字基本不用块状的墨了，而是用墨汁，蘸上就直接可以写字。墨汁的制作相对比较简单，只用烟炱、胶料、香料、石炭酸等加水调和即可，使用起来也更加方便。不管是墨汁还是墨，里面都有胶料，它的作用是将墨汁里的炭粒粘在纸上，当我们用墨写字时，将混合均匀的烟炱、胶料和水一块写到纸上，过一会儿后，水分蒸发，胶料便将炭粒紧紧地粘在了纸上。墨的另一个衍生产品是油墨，我们阅读的各种印刷材料几乎都是用油墨印刷的。油墨的主要成分也是烟炱，它是将烟炱和油混合均匀而制成的。

知识延伸

烟炱的主要成分是碳元素，它以多种形式广泛存在于大气和地壳之中。碳单质很早就被人所认识和利用，碳的一系列化合物——有机物更是生命的根本。同是碳元素组成的物质，却有完全不同的性状。石墨和金刚石是碳的两种单质形式，石墨是一种很软的物质，而金刚石则质地坚硬，在所有矿物中被称为“硬度冠军”。金刚石还可以制成玻璃刀、钻头等。金刚石经过打磨就变成了价值连城的钻石。天然金刚石产量很少，大多又隐藏在地球深处，而现在需要金刚石的地方很多，满足不了人类社会的需要，所以人们就用高温高压法来制造“人造金刚石”。某些人造的金刚石硬度甚至超过了天然金刚石。

2 “人造血”真的存在吗

全世界每年都需要大量的血液，但全世界每年捐献的血液远远无法满足这一需求。随着血源的减少和防止因输血而感染艾滋病等的危险，人们迫切需要一种可以大量生产且安全的“人造血液”。一旦成功，将是一件造福全人类的事情。

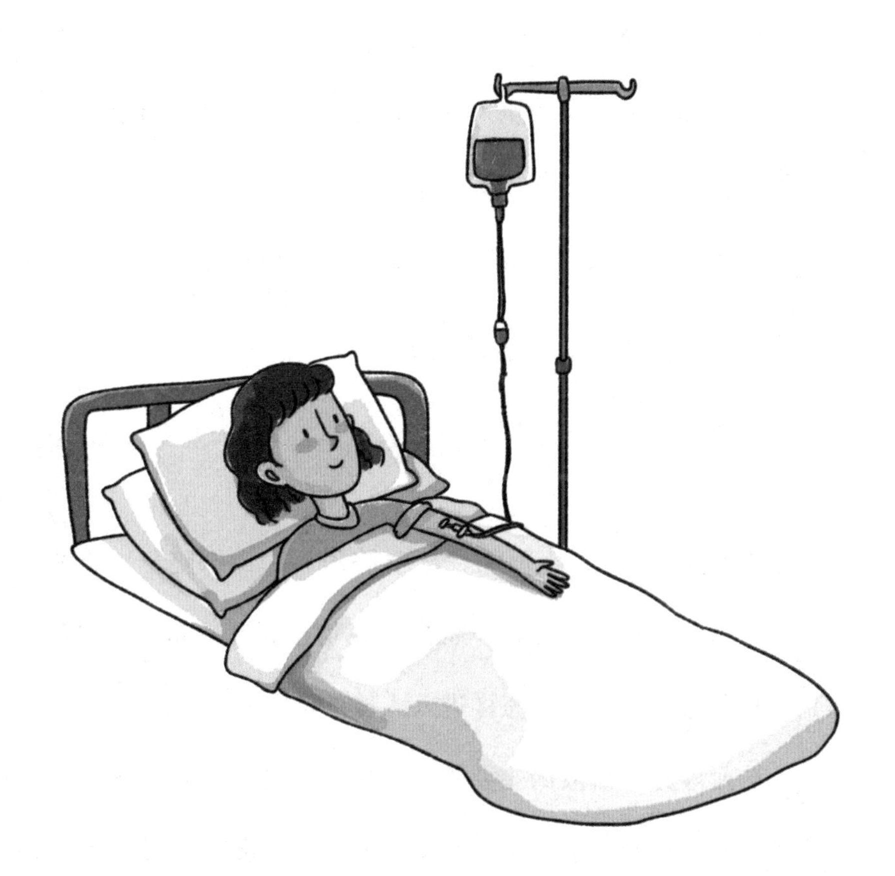

经过科研工作者的不懈努力，现在已经研制出了具备部分功能的人造血，可以像真正人血能携带氧那样将氧输送到人体的各个组织中去。目前，有多种人造血陆续在临床中使用。

与传统血比较起来，人造血有着更多的优点：人造血无血型之分，任何人均可使用，输血后不会发生严重的溶血反应，特别是在抢救情况下，时间就是生命，可以不查血型，不做交叉配血试验而马上使用，对大规模的现场急救意义更大，更加简便、快速。而且人造血还具有化学性质稳定、容易保存的特点，不必像鲜血那样要贮存在 4℃ ~6℃的冰箱内也可保存数年之久；普通输血过程中如果检查不严，会将一些细菌、病毒带入受血者体内，发生交叉感染。而人造血液是工业生产制造的，不会有细菌或病毒的混入，从而避免了输血的交叉感染。

20 世纪 80 年代，上海第一医学院附属中山医院分别给两位病人输入人造血，患者无任何不良反应，均已康复。那么，这些人造血是怎样制造出来，又是怎样进入人体的呢？

人造血液具有血液的主要性能，它与只能维持血压的普通替代血浆不同，其载氧能力约为血液的两倍，在大量失血的情况下输送这种人造血能维持机体组织的生存，同时还可治疗许多疾病。经过研究试验表明，人造血具有高气溶性，在血管内可起到携带氧气和排除二氧化碳的作用。

虽然人造血有诸多的好处，但是由于人造血中缺少真正血液的许多成分，如凝血因子等，所以还不能真正替代血液供人体久用，仅能在手术过程中当患者大量失血时做应急使用。例如，患者在做心脏外科手术时常常会大量失血，为了保持患者各个组织的活性，将人造血输入患者体内，人造血可携带氧到人体各个组织，使各个组织能够正常运转，当手术结束后，患者流血得到控制时，再给患者输入真正的人血，这样不致浪费真正的人血。

知识延伸

在制造“人造血液”的化学原料中，最引人注目的是一种无色、透明、无味的碳氟化合物，它不仅可以扩充血容量、携带氧和排除二氧化碳，而且它携带氧的能力比人血强两倍。它能以固态、液态或气态形式存在，是一种良好的氧气载体。科学家把老鼠沉入液态的这种物质中两个小时，老鼠没有受到任何伤害。所以碳氟化合物是一种很好的人造血原料。

3 能溶解黄金的神奇之水

黄金是金属中最稀有、最珍贵的金属之一。它是一种抗腐蚀性极强的贵金属，有良好的物理特性，“真金不怕火炼”指一般火焰下黄金不容易熔化。黄金的稀有性使黄金十分珍贵，而黄金的稳定性使黄金便于保存，所以黄金不仅成为人类的物质财富，而且成为人类储藏财富的重要手段。

黄金的稳定性很好，然而却有一种神奇的液体，可以将黄金溶解得无影无踪。历史上曾经有两位科学家，分别获得了 1914 年和

1925 年的物理学奖，德国纳粹政府要没收他们的诺贝尔奖牌，于是他们辗转来到丹麦，请求丹麦同行、1922 年物理学奖得主玻尔帮忙保存。1940 年，纳粹德国占领丹麦，受人之托的玻尔急得团团转。同在实验室工作的一位匈牙利化学家赫维西 (1943 年化学奖得主) 帮他想了个好主意：将奖牌放入盐酸与硝酸混合液中，于是神奇的一幕出现了，金牌被溶解得无影无踪。纳粹士兵尽管进行了严密的搜查，却丝毫没有发现这一秘密。战争结束后，溶液瓶里的黄金被还原后送到斯德哥尔摩，并重新铸造成当年的样子，最终回到了主人的身边。

故事中这种可以溶解黄金的液体俗称“王水”，又称“王酸”“硝基盐酸”，是一种腐蚀性非常强、冒黄色烟的液体，由浓盐酸 HCL 和浓硝酸 HNO_3 组成。它是少数几种能够溶解金的物质之一，这就是人们之所以把它称为“王水”的原因。不锈钢、金、铂等制品放到王水中都会立即消失得无影无踪——被王水溶解了。王水一般用在蚀刻工艺和一些检测分析中，王水极易分解，有氯气的气味，因此必须现配现用。

王水的腐蚀性如此之强，是不是可以溶解所有的物质呢？不，“塑料之王”——聚四氟乙烯就不受王水的腐蚀。它之所以被冠以“塑料之王”的美称，是因为它具有许多其他塑料所不具备的优良性质。正因为聚四氟乙烯同时具有很多优良的特性，所以在冷冻工业、化学工业、电器工业、食品工业、医药工业上得到广泛的应用。用聚四氟乙烯来制造低温设备，可用于贮藏液态空气；化工厂里的反应罐、管道和过滤板，许多也是用聚四氟乙烯制成的；在金属裸线上包上 15 微米厚的聚四氟乙烯，就能很好地起到绝缘的作用。

知识延伸

聚四氟乙烯的化学稳定性不仅是塑料家族中其他成员所不能比的，甚至超过了不锈钢、玻璃、陶瓷、金、铂。聚四氟乙烯在酸、碱面前表现得“泰然自若”，哪怕是在沸腾的王水中煮上几个小时，也依然如故。它的耐寒和抗热能力也是十分惊人的。-200℃的低温，能使许多塑料碎裂失形；200℃的高温，会使许多塑料软化分解。而在这两种环境中聚四氟乙烯却安然无恙。此外，聚四氟乙烯良好的绝缘性能和在任何溶剂中都不会膨胀变形的性质，更使它成为塑料家族的宠儿。

4 揭开“水火相容”的真相

一般的情况下水确实与火是不相容的，如发生火灾时，人们用高压水龙头输出大量的水来扑灭烈火。但在特殊的情况下，水却能帮助燃烧，甚至助火为虐。这又是为什么呢？

水有冷却作用，把水浇到燃烧物上，能使燃烧物的表面温度迅速降到燃点以下，使燃烧停止。同时，水受热后，会迅速变成水蒸气，这些水蒸气能够稀释燃烧区内的可燃气体和助燃气体的浓度，并能阻碍空气通向燃烧物，使燃烧物得不到充足的氧气而熄灭，无法继续燃烧。这是水的灭火性能。

然而，水不仅能灭火，有时也能帮助燃烧。对钾、钠、镁、电石等火灾就是如此。水是氢氧化合物，能和钾、钠、镁、电石等物质起强烈的化学反应，放出可燃气体，并产生大量的热。因此，用水扑救这类物质火灾，不仅不能扑灭，反而会加剧燃烧。

你看到过“用水点火”的实验吗？在酒精灯的灯芯里，放入绿豆那么大的一粒切除了表面的金属钾，用水一“点”，酒精灯就马上被点着了。这是金属钾遇水发生了剧烈的化学反应：

$$2K + 2H_2O = 2KOH + H_2\uparrow$$

在生活中，我们也可能经常会碰到这样的事，在我们使用煤炉或煤气灶的时候，如果不小心，将水洒在煤炉上，这时火不但没有小下去，反而猛地变成了一个火团向上窜。这是为什么呢？

原来，少量的水遇到烧得通红的煤炭或煤气时会产生水煤气。水煤气的主要成分是一氧化碳和氢气。它们都是能够燃烧的，遇火就会立刻燃烧起来，当然火就更旺了。

知识延伸

水，有时还会助火为虐，变成可怕的“烈性炸药”。曾经在英国发生过这样一件事：英国一家炼铁厂的熔铁炉底部产生了裂缝，顿时炽热的铁水从裂缝夺路而出。当温度高达一千摄氏度的铁水碰上炉旁一条流水沟里的水时，刹那间，“轰”的一声震天动地的巨响，整个车间被掀掉了。原来，水本来很稳定，但经高温加热便会产生可以燃烧的氢气和“助燃剂”氧气，这两种气体的混合物是相当易爆的混合气体。当一千多摄氏度的铁水流入水沟时，在极短的时间内产生了大量的这种易爆气体，并且被铁水的高温点燃，所以轻而易举地就把巨大的生产车间给炸掉了。

5 银筷子真的能验毒性吗

电视剧《新水浒传》中有这样一个片段：人称玉麒麟的卢俊义被皇帝召进朝廷后，奸臣在皇帝赐给卢俊义的膳食中掺入水银暗药，并将银筷子换成象牙筷子，而象牙筷子根本“显示”不出是否有毒。最终卢俊义被奸人所害，命丧黄泉。那么，平日里御膳为何都用银筷子？银筷子真的可以验出是否有毒吗？

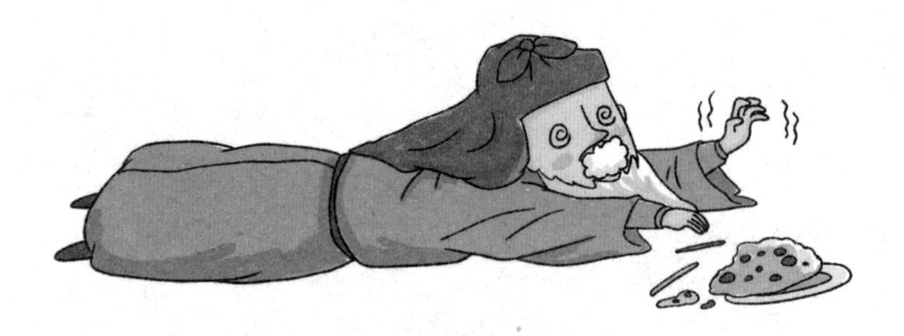

在古代，为了保证御膳的安全，皇家的餐具是非常讲究的，主要以银器为主。皇宫里盛御膳的器皿外边通常都要挂一块银牌，在皇上用膳前，太监会在皇帝面前打开盖子，将银牌放进饭菜中。如果银牌变成了黑色，那就说明饭菜中有毒了，如果银牌没有变色，就说明可以放心食用了。虽然当时没有什么科学根据，但是这个方法一直在皇宫中沿用。随着科技的发展，这个方法的原理也被揭晓了。因为银一碰到硫化物就会发生化学反应，就会变黑，而这种黑色的东西就是所谓的硫化银。

在古代人们所说的毒，主要是指具有剧毒毒性的砒霜等，由于当时生产技术比较落后，所以一般毒药中都含有少量硫或硫化物。这些毒药一旦遇到银器，里边所含的硫就会和银产生化学反应，在银具的表层生成黑色的“硫化银”。因此，用银筷子（银具）一测便可知是否有毒了。

银是贵金属中相对比较便宜的一种金属。它在工业和人们日常生活中有着非常广泛的用途。它与行业关联性很大，既是一种高技术用金属，也是一种军、民两用金属。

在前苏联的轨道空间站“礼炮号”上的宇航员，就是运用银离子可以杀菌的功效来给水消毒的。初生的婴儿得了眼病，医生在婴儿的眼中滴几滴含硝酸银的药水，不久，婴儿眼病就会康复，因为这种药水既不伤害婴儿的眼睛，又能为婴儿的眼睛消毒。在纱布上涂一薄层细细的银粉，不仅可以给外伤伤口消毒还可以起到治疗的作用。另外，银具有诱人的白色光泽，对可见光的反射率为91%，深受人们（特别是女性）的青睐。银因其美丽的颜色，较高的化学稳定性和收藏、观赏价值，被广泛用作首饰、装饰品、敬贺礼品、奖章和纪念币等。

知识延伸

随着生产技术的不断提高，现在生产的一些毒药提炼很纯净，不再含有硫或硫化物，比如亚硝酸盐、农药、毒鼠药等，银筷子（银具）与它们接触，不会出现黑色。而一些不含毒的物品却含有硫，用银筷子（银具）一试也是会变黑的，如鸡蛋黄等。因此，用银筷子检验物品是否有毒是受时代和科技限制的，不能把银筷子作为验毒的工具。

虽然不能把银具作为验毒的工具，但在日常生活中用银作碗筷还是有很多好处的。每升水中只要含有五千万分之一毫克的银离子，就可以杀死水中大部分的细菌。因此，使用银碗、银筷，食物不易腐烂，吃到肚子里的食物中的细菌也会减少。

6 墓地里闪烁的鬼火

看过《聊斋》的同学一定还记得里面的“鬼火”镜头吧！是不是每当有“鬼火”镜头出现时，你都感觉很害怕呢？难道真的像电视剧里演的那样或迷信的人们所说的那样，“鬼火”是阴魂不散，是鬼魂在那里徘徊？不是的，人死了，人的一切活动也都停止了，根本不存在什么脱离身躯的灵魂。

世界各地皆有关于“鬼火”的传说，如在爱尔兰，鬼火就衍生为后来的万圣节南瓜灯，安徒生的童话中也有以“鬼火”为题的故事——《鬼火进城了》。真的有“鬼火”吗？“鬼火”到底是怎么一回事呢？

“鬼火”实际上是磷火，是一种很普通的自然现象。人体内部，除绝大部分是由碳、

氢、氧三种元素组成外，还含有其他一些元素，如磷、硫、铁等。人体的骨骼里含有较多的磷化钙。人死了，躯体埋在地下慢慢地腐烂，躯体内磷的化合物会被土壤里的细菌分解，转化为磷化氢，磷化氢是一种气体物质，燃点很低，在常温下与空气接触便会燃烧起来。磷化氢产生之后沿着地下的裂痕或孔洞冒出，到空气中燃烧发出蓝色的光，这就是磷火，也就是人们所说的“鬼火”。

为什么“鬼火”通常在晚上出现呢？其实不管是在白天、黑夜，荒野墓地里都会有磷化氢气体冒出并燃烧，只是在白天，由于光线太强，人们无法看见磷化氢燃烧，而在晚上，光线很暗，人们便看到了那些时隐时现的“鬼火”。

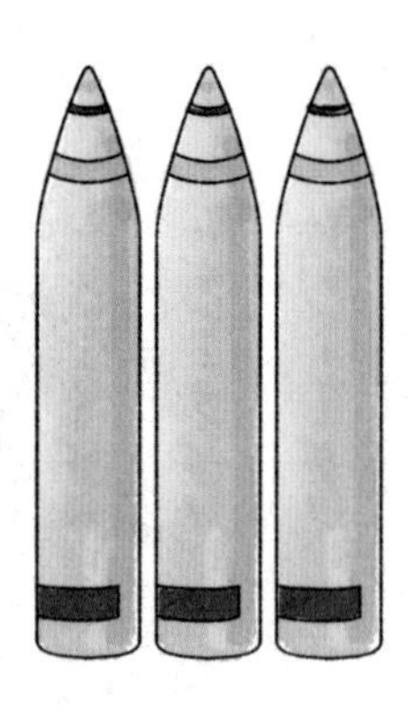

随着科技的发展，人们越来越了解磷的属性，并将其运用得很好。磷主要分为黑磷、白磷和红磷。黑磷的化学结构类似石墨，

可导电。白磷是一种无色或者浅黄色、半透明蜡状物质，具有强烈的刺激性，其气味类似于大蒜，燃点极低，一旦与氧气接触就会燃烧，发出黄色火焰的同时散发出浓烈的白烟。因此，白磷常被用于制造燃烧弹和烟雾弹。例如：MK·77 白磷炮弹是一种攻击型燃烧武器，功能与喷火器相似，弹体内含有大量粘稠剂，能粘在人体和装备上燃烧，通常用于打击裸露或易燃目标，杀伤效果极佳，曾被 1980 年通过的《联合国常规武器公约》列为违禁武器，不允许对平民或在平民区使用。红磷为暗红色固体，无毒，常被用于制造农药和安全火柴。

知识延伸

磷是在 1669 年首先由德国汉堡一位叫汉林·布朗德的商人发现的。1669 年，他在一次实验中，将砂、木炭、石灰等和尿混合，加热浓缩，虽没有得到黄金，却意外地得到了一种十分美丽的物质，它色白质软，能在黑暗中不断发光，这种光不散发热量，是一种冷光，他称它为 kalte feuer（德文，冷火）。后来布朗德迫于生计，用磷进行魔术表演，成了“明星”。

Part 2

生活中的化学

7 莫用铁锅放剩菜

有一对小两口为吃完饭把剩菜放在瓷盘子里还是放在铁锅里争执不下。丈夫说，放在盘子里健康，妻子说，因为炒菜都提倡用铁锅，那么放在铁锅里也是有好处的。两人为这个问题争论不休，转眼时间又到了快做晚饭的时候，结果菜的味道却变了，这到底是怎么回事呢？

铁是人体必需的微量元素，虽然人体内铁的总量很少，才 4~5 克，但却是血红蛋白的主要成分。这种矿物质存在于向肌肉供给氧气的红细胞中，还是许多酶和免疫系统化合物的组成成分。而铁锅之所以有益于健康，是因为炒菜的时候会有微量的铁离子能随食物进入人体。研究者以黄瓜、蕃茄、青菜、卷心菜等七种新鲜蔬菜做实验。结果发现，使用铁锅烹熟的菜肴，保存维生素 C 含量明显高于使用不锈钢锅和不粘锅。所以从增加人体维生素 C 摄入和健康考虑，应首选铁锅烹饪蔬菜。铝锅炒菜虽也能保留较多的维生素 C，但易溶出的铝元素对人体不利。

食物中的铁在胃酸作用下，还原成亚铁离子，再与肠内容物中的维生素 C、某些糖及氨基酸形成络合物，在十二指肠及空肠内被吸收。

铁在体内代谢中可反复被身体利用。如果是传统铁锅炒菜所溶解出来的少量铁元素，是容易被人体吸收的，可有效防止缺铁性贫血发生，对人体的健康很有益处。而且，铁锅已成为世界卫生组织向全球推荐的健康炊具。但是如果把剩菜放在铁锅里，由于钢铁表面吸附的一层薄薄的水膜里含有少量的 H^+ 和 OH^-，还溶解了氧气，就会在钢铁表面形成一层电解质溶液，它跟钢铁里的铁和少量的碳(因钢铁不纯)恰好形成无数微小的原电池。在这些原电池里，铁是负极，碳是正极。铁失去电子而被氧化。经过复杂的变化生成了铁锈（主要成分为 Fe_2O_3）。氧化铁被食用过多的话，会对人的肝脏造成损害。

知识延伸

除了不要用铁锅放剩菜以外，也不要用它来煮杨梅、山楂、海棠等酸性食物。因为这些酸性果品中含有果酸，遇到铁后会引起化学反应，产生低铁化合物。人如果吃了这类食物，一小时左右便可出现恶心、呕吐、腹痛、腹胀、腹泻等症状，倘若不及时救治，病情可迅速发展，出现凝血、缺氧等严重症状，甚至还会危及生命。此外煮绿豆也要忌用铁锅，这是因为豆皮中所含的单宁质遇到铁后能发生化学反应，生成黑色的单宁铁，并使绿豆的汤汁变为黑色，影响其味道及人体的消化吸收，会使人一整天感到肚子发胀。

8 能够消除疲劳的饮食

许多人在干了一天的重活、累活后常感到肌肉发胀、关节酸痛、精神疲乏。为了尽快解除疲劳，他们就会买些鸡、鱼、肉、蛋等大吃一顿，以为这样可补充营养，满足身体需要。其实，此时食用这些食品不但不利于解除疲劳，反而对身体有不良影响。

食物在人体内经过消化，产生的二氧化碳、尿素等被排出体外，而食物中的矿物质则会较长时间留在体内。含有氯、硫、碘等元素，能使体液呈酸性倾向的就是酸性食物；含有钠、钾、钙、镁、锌、铁等元素，能使体液呈碱性倾向的就是碱性食物。鸡、鱼、肉、蛋、精米、精面、白糖、贝类和啤酒等在体内代谢后形成酸性物质，可使血液、体液的酸性增强，所以属酸性食物；蔬菜、水果、大豆等含有钾、钠、钙、镁等元素，在体内代谢后生成碱性物质，属碱性食品，它能阻止血液向酸性方面变化。因此，人判断食物的酸碱性，并不是根据人们的味觉，也不是根据食物本身的酸碱性，而是根据食物进入人体后所生成的最终代谢物的酸碱性而定，酸味的食物未必是酸性食物。

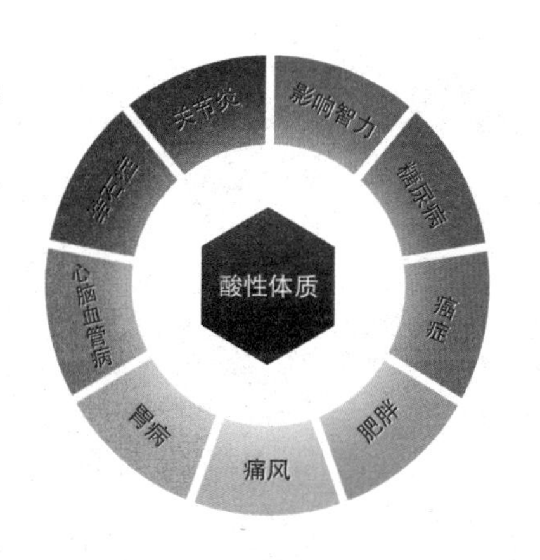

人在体育锻炼后，感到肌肉、关节酸胀和精神疲乏，其主要原因是体内的糖、脂肪、蛋白质被大量分解，在分解过程中，产生乳酸、磷酸等酸性物质。这些酸性物质刺激人体组织器官，使人感到肌肉、关节酸胀和精神疲乏。而此时若单纯食用富含酸性物质的肉、蛋、鱼等，会使体液更加酸性化，不利于解除疲劳。而食用蔬菜，柑橘、苹果之类的水果，则可以消除体内过剩的酸，降低尿的酸度，减轻疲劳感。因此，人在体育锻炼后，应多吃些碱性食物，如水果、蔬菜、豆制品等，以利于保持人体内酸碱度的基本平衡，保持人体健康，尽快消除运动带来的疲劳。

现代医学研究表明，只有体液呈弱碱性，才能保持人体健康。如果长期偏食酸性食品，就会使体液酸性化，易感冒，皮肤脆弱，抵抗力差，易感染等。如果是婴幼儿，则会直接影响他们的脑和神经功能，从而使记忆力和思维力变差，严重时会导致精神孤独症等。因此，我们要注意调整饮食结构，平衡食物的酸碱性。

知识延伸

大量运动后少量喝酒，也能起到缓解疲劳的作用。因为运动后人体会产生大量乳酸，导致酸碱不平衡，而喝酒能够使血管扩张，加快乳酸代谢。需要注意的是，运动后喝酒要遵循适时、适度、适量的原则。即不能停止运动马上饮酒，尤其是饮大量的啤酒，这样会加重心脏、肾脏的负担，损害健康，一般在进食时喝比较好。运动后饮酒度数应是低度酒，如葡萄酒、黄酒、啤酒等，我国传统酿酒如绍兴酒、糯米酒也是自古流传的滋养补品。酒量要适当，一般白酒每次不宜超过50毫升，啤酒不超过300毫升。不过，作为未成年人还是不要喝酒，可以把这个知识讲给你的爸爸。

9 油炸膨化食品为什么要少吃

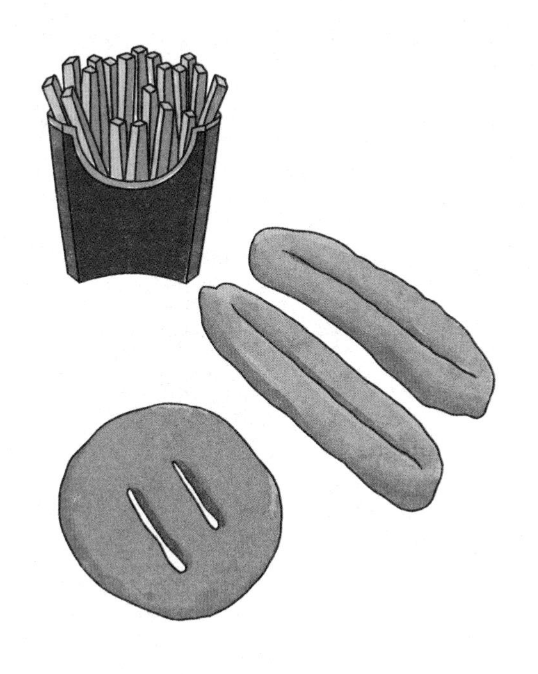

很多食物吃起来美味可口，但是并不利于健康。比如，油炸食品和膨化食品，炸土豆片、炸薯条、油条、油饼、炸糕等油炸食品香味扑鼻、美味可口，许多人喜欢吃。膨化食品香、酥、脆、甜，也是很多小朋友的最爱，可是大人们却说这些东西要少吃，为什么呢？

油炸食品的危害在于其制作过程中，大量的维生素被破坏，使食物失去了维生素的供给作用。而且油炸食物时反复用过的油，含有 10 多种有毒的不挥发物质，对人体有害。油炸食物因为不好消化，还会影响我们的食欲。而另一类对健康非常有害的食品——膨化食品，因为其口味独特，深受小朋友的喜爱，但是它对健康的危害是非常大的，因为膨化食品中含有危害人体健康的毒素——铅。

经过高温油炸的食物中，多含有多环芳烃化合物，其中有致癌物 3，4- 苯并芘。据测定，当温度为 370~390℃时，每千克淀粉可产生 3，4- 苯并芘 0.07 微克；当温度升到 650℃时，可产生 17 微克 3，4- 苯并芘。

膨化食品的危害在于膨化的过程中，金属容易被烧得很热，其内壁上的铅锡合金在加热的过程中便以气态进入爆开的米花中，污染食物。经测定，某些小商户制作出售的膨化食品中含铅量高达每千克 20 毫克，超过国家规定铅含量的 40 倍。科研结果显示，成人的血铅含量为 80μg

/ 100L~100 μg / 100L 时会出现中毒症状，而儿童只要50 μg / 100L~60 μg / 100L 即会出现中毒症状。铅在胃肠道的吸收率也因年龄而异，一般成人的铅吸收率为 10%，而儿童可达 53%。血铅高时，全身各组织器官都会受到影响，尤其是神经系统、消化系统、心血管系统和造血系统受损更严重，表现为精神呆滞、厌食、呕吐、腹痛、腹泻、贫血、中毒性肝炎等。

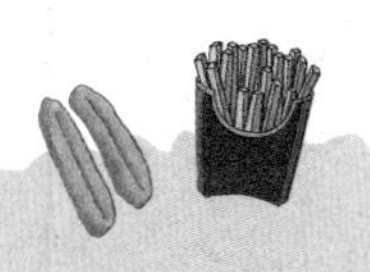

油炸食品不健康的另一个原因，是在炸制时要加入明矾和明矾钾，如油条等。这两种物质都含有铝。铝是两性元素，与酸和碱都能反应，反应后产生的化合物易被人体吸收。吸收进人体的铝化合物如沉积在骨骼中，可使骨质变疏松；如沉积在大脑中，可使脑组织发生器质性改变，从而导致记忆力减退、智力下降；如沉积在皮肤中，可使皮肤弹性降低，皮肤褶皱增多。此外，铝还会使人食欲不振和消化不良，影响肠道对磷的吸收等。

10 装修后不能立刻入住的原因

你也许会听家人或者其他人说过，房子装修完了，却还不能入住，而是要让房子空一阵子。这是为什么？原来这里面还有许多的化学常识呢，如果不懂得这些道理就很可能给人的身体带来许多的损害。

近年来，随着收入的增加和生活水平的提高，人们越来越重视居住环境的舒适、漂亮，从而掀起了装修热潮。可是当人们搬进新装修的房子，举杯庆祝乔迁之喜的时候，忽然有人觉得头晕、恶心、不舒服。是什么东西在作怪呢？是什么严重地影响了家人的健康，妨碍了全家人的正常生活呢？

原来，那些看似漂亮的壁纸、各种墙贴以及装修使用的各种胶都含有对于人体有害的物质，如甲醛、苯、二甲苯、氨、二氧化氮、硫化氢等。

家庭装修大量使用的细木板、胶合板、刨花板、纤维板等人造板都是如此。人造板是由一些木材的下脚料胶合而成的，不仅造价低廉而且节约了大量木材。人造板使用的黏合剂是脲醛树脂胶，它是由尿素和甲醛在高温下经加压、缩聚等反应过程制成的，不仅造价低廉而且耐用性强，是人造板理想的黏合剂。其生产过程中甲醛的投料是过量的，所以反应结束后脲醛树脂胶中仍含有大量游离的甲醛，而甲醛是一种无色、有毒的、有刺激性气味的气体，它会慢慢地从人造板材中挥发出来，造成室内环境污染。低浓度的甲醛使人感到有异味和不适，浓度高时可引起恶心、呕吐、胸闷、气喘甚至肺气肿。长期接触甲醛的人，可引发鼻腔、口腔、咽喉、皮肤和消化道的癌症以及胎儿畸形。

这样，新装修或新完工的建筑物，其室内的有害物质含量比室外空气中的含量要高10倍至100倍，正是这些气体使许多人患上“建筑物综合征”，即眼鼻不适、头痛、疲劳、恶心和其他一些不适症状，甚至癌症。那么如何避免“建筑物综合征”呢？一是选择装饰材料时，一定要选择合格的产品；二是新房子或新装修的房子不要马上入住，要多开窗户，加强通风，这样过一段时间后，空气中有害气体的含量就减少了，人们自然也就感觉不到不适了。

知识延伸

装修后的房间还会有臭气，这是建筑施工中大量使用的混凝土外加剂（防冻剂、膨胀剂）、涂料添加剂等会释放出氨气，它是室内臭气的主要制造者，对人体的呼吸道、皮肤有刺激和腐蚀作用，还会减弱人体对疾病的抵抗力。此外，油漆、胶、涂料等会释放苯等有害的有机毒气；建筑水泥、花岗岩等天然石材含有氡，它是一种放射性气体，可以诱发肺癌。

11 抹完水泥后为何要洒水

你一定见到过，人们总是在刚刚抹完的水泥地或水泥墙上洒些水，这样水泥地或水泥墙不就不容易干了吗？人们为什么不愿意让抹完的水泥地或水泥墙快些干呢？想必人们这么做，其中一定是有什么科学道理吧！下面我们就帮你揭开这个谜团。

一般物体都是去掉物体内的水分后会变硬，水泥制品也不例外。但刚抹完水泥后为何要洒水呢？在刚抹完的水泥上洒水，其实是对水泥的一个养护过程，这是为什么呢？这要从水泥的性质说起。

水泥是用石灰石、黏土等配制成生料，经过高温煅烧成熟料，然后掺入一定量的石膏等物质，再经过研磨而成的一种很细的胶结材料。当人们把水泥与水混合时，两者发生化学反应变成水化物，这个反应一开始只是在水与水泥颗粒的表面进行，水分需要渐渐地深入到水泥颗粒内部，然后水泥颗粒水化后，体积变大，颗粒间的空隙减小，最后连成一块，结成大块大块的“人造石头”。水分进入水泥颗粒内部需要一定的时间，而水泥表层由于裸露在外很短时间内就会干燥，这样就会造成里外凝结不均匀，而使水泥开裂。因此，在抹完水泥后，通常需要洒一些水。

水泥在加水搅拌后成浆体，能在空气中硬化或者在水中更好的硬化，并能把砂、石等材料牢固地胶结在一起。因此，水泥理所当然地充当起了重要的建筑材料的角色，用水泥制成的砂浆或混凝土，坚固耐久，广泛应用于土木建筑、水利、国防等工程。

水泥一般是与钢筋、沙、石子混合使用，水泥在里面起胶合作用，钢筋、沙、石子都不怕水，因此向水泥钢筋混凝土洒水只有好处，没有坏处。但是，需要注意的是，如果水泥与其他怕水的材料混合使用，就要注意洒水的量和时间了，以免使其效果受到不良的影响。

在抹完的水泥上洒水，还有一个作用，就是检验表层是否平整，但不可洒水过量，以免影响表面干燥。

知识延伸

水泥常常与砂浆混合来使用，在使用时有不少人会陷入这样的误区，认为水泥占整个砂浆的比例越大，其粘接性就越强。其实不然，以粘贴瓷砖为例，如果水泥过多，当水泥砂浆凝结时，水泥大量吸收水分，这时面层的瓷砖水分被过分吸收就容易拉裂，缩短使用寿命。水泥砂浆一般应按水泥：砂=1：2（体积比）的比例来搅拌。另外，在水分进入水泥颗粒内部的这段时间内，水泥要不停地吸收水分，仅凭混合时的一点水分是不够的，而且水分还会不断地蒸发，所以在这段时间内要定时不断地给它补充水分，这个补充水分的过程就是水泥制品的养护过程，也就是水泥地面抹完后要洒水的道理。

12 打碎水银体温计怎么办

在人们的日常生活中，体温计是必不可少的。家里人有什么头痛脑热的一测便知。现在体温计有很多种，但是使用率最高的就是玻璃体温计了。因为玻璃本身及其结构比较致密，水银的性能也是很稳定的，所以玻璃体温计一般都比较准确。这就赢得了家庭和医务人员的信赖。但是玻璃本身又有易碎的弊端，里边的水银（汞）又是有毒物质，所以应该妥善保管体温计。一旦不小心打碎了，就要马上小心地处理。

体温计里面装的就是水银，水银是在常温下唯一一种呈液态的金属，所以当体温计打碎之后，里边的水银就会蒸发，有可能被人们吸入。另外，它的吸附性非常好。在蒸气时易被墙壁和衣物等吸附，成为不断污染空气的源头。尽管少量吸入水银对身体不会造成太大的危害，但长期大量吸入，则会造成水银中毒。水银中毒分为急性和慢性两种，急性中毒会出现腹泻、腹痛、血尿等症状。而慢性中毒的主要表现是肌肉震颤、口腔发炎和精神失常等。

如果不小心打碎了体温计，处理时必须要小心。因为，水银的粘度小而流动性大，很容易碎成小汞珠，无孔不入地留存于工作台、地面等处的缝隙中，既难清除，又使表面面积增加而大量蒸发。在处理水银时，千万不要将水银和其他垃圾混在一起倾倒，否则水银就会进入水体、土壤中，通过食物链，最终会危害到人体健康。

在我们的日常生活中，有不少用品与水银有关。

生活中离不开镜子，银光闪闪的玻璃镜子不同于普通的玻璃，它可以清晰地映出它所“看到”的一切。你有没有注意到，镜子背面到底涂了什么，使得它具有如此“本领”呢？最早的玻璃镜子是在400多年前由威尼斯人制出的。他们把亮闪闪的锡箔贴在玻璃板上，然后倒上水银，由于水银能够溶解锡，就变成一种黏糊糊的银白色的液体，这层液体紧紧地粘在玻璃上，成为一面银亮的镜子。

此外，一些暖水瓶外壁涂上水银以减少热辐射；电脑显示器等电子产品中也含有一定量的水银；在霓虹灯中除了充有稀有气体之外，平常还充有水银蒸气，它受激发后能发出绿紫色的光。

知识延伸

体温表内的水银含量不多，但服用后也会引起口腔炎、急性胃肠炎，表现为口腔糜烂溃疡、腹痛、恶心、呕吐、腹泻等。不慎误服以后，应尝试用食指刺激咽喉部以致呕吐。如果不做任何处理就叫车去医院就诊，有可能就延长了水银在体内的吸收时间，进而加重了损害的程度。用喝水漱口后喝点蛋清或牛奶的方法，可以清除残留在口腔中的水银，还能使蛋清或牛奶中的蛋白质与吞服的水银结合，从而保护胃黏膜，减少水银与体内蛋白质的结合。

13 白酒为什么越陈越香

我国的白酒是世界驰名的，好的白酒由高粱、小麦、豌豆为原料，其中的淀粉用麦芽或麸曲作糖化剂，再经发酵，麦芽糖在酵母菌的作用下变成了酒精。不过这种酒里酒精含量很低，再经过蒸馏，便得到了含量较高的白酒了。大家都有这个常识，酒是越陈越香，这其中有什么奥秘呢?

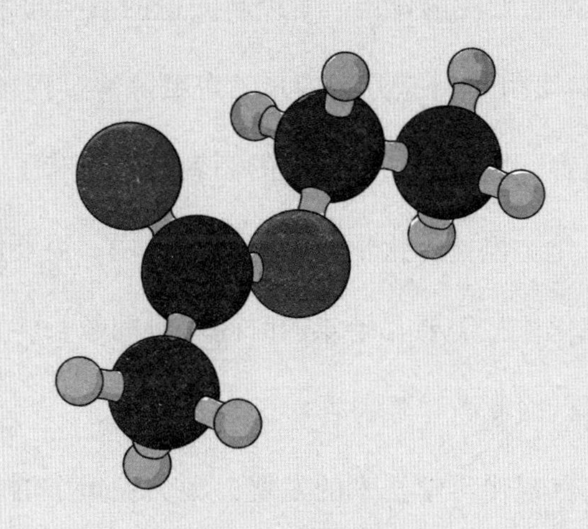

“百年陈酒十里香”，是说经过陈放多年的酒香味浓郁，饮时清口甘爽回味悠长。其实，不论是果酒还是白酒，能散发芳香气味的功臣都是乙酸乙酯。

白酒的主要成分是乙醇。我国劳动人民在长期的酿酒过程中逐步掌握了使酒陈化的经验。他们把新制的酒放在坛里密封好，长期存放在温湿度适宜的地方，使之慢慢地发生化学变化。酒里的醛便不断地被氧化为羧酸，而羧酸再和酒精发生酯化反应，生成乙酸乙酯，乙酸乙酯是一种具有香味的物质，可以作为香料原料，是用于菠萝、香蕉、草莓等水果香精和威士忌、奶油等香料制作的主要原料。

新酒中乙酸乙酯的含量是微乎其微的。而酒中的醛、酸不仅没有香味，还有刺激喉咙的作用。所以新酿造的酒喝起来生、苦、涩，不那么适口，需要几个月至几年的自然窖藏陈酿过程才能消除杂味，散发浓郁的酒香。因此，长期存放的酒就具有香味了。这个变化过程就是酒的陈化。但这种化学变化的速度很慢，需要的时间很长。有的名酒的陈化往往需要几十年的时间。时间越长，也就有越多的乙酸乙酯生成，因此酒越陈越香。

然而，随着现代科学技术的发展，大大缩短了酒的陈化时间。例如，利用辐射方法照射新酒，15 天后品尝，酒的浓香、甘醇、回味等方面都有提高，杂味也有所减少。

那么，既然酒是越陈越香，为什么我们买到的瓶装酒却又有保质期呢？

其实，使酒陈化必须具备一定的条件，才能使乙酸乙酯增多。如果酒坛不经密封或密封条件不好，温度、湿度条件不当，时间长了不仅酒精会跑掉，而且还会变酸变馊，则酸败成醋了。这是因为空气中存在着醋酸菌，酒与空气接触时，醋酸菌便乘机进入酒中，在醋酸菌的作用下，酒精则发生化学变化而变成醋酸。尤其是啤酒、果酒更容易酸败成醋。这就是为什么白酒越陈越香却又有保质期的原因了。

知识延伸

酿酒需要首先将粮食等原料进行发酵，发酵是指复杂的有机化合物在微生物的作用下分解成比较简单的物质的过程。发面、酿酒等都是发酵的应用。和其他化学工业的最大区别在于它是生物体所进行的化学反应。发酵过程一般来说都是在常温常压下进行的生物化学反应，反应安全，要求条件也比较简单。但是，发酵过程中对杂菌污染的防治至关重要。除必须对设备进行严格消毒处理和空气过滤外，反应必须在无菌条件下进行。如果污染了杂菌，生产上就要遭到巨大的经济损失，要是感染了噬菌体，对发酵就会造成更大的危害。因而维持无菌条件是发酵成败的关键。

14 食物腐败的秘密

食物为什么会腐败呢？这其中的过程可以说是非常复杂的。影响食物腐败的因素也很多，食物的品种不同，存放食物的温度不同，食物接触的细菌种类不同，食物接触空气的情况不同，都会使食物发生不同的腐败过程。

食物腐败主要是食物发生了化学变化和生物变化，其中细菌的作用比较明显。

食物被霉菌侵害，会使食物发霉变味变质。霉菌的种类有很多，如青霉菌、白霉菌、黑霉菌等。淀粉类食物如馒头、面包等就会出现发霉现象。食物在酵母菌的作用下也会出现变酸、发臭、有斑点生成等腐败现象。肉、蛋、鱼类食物营养丰富，会使细菌很快繁殖。细菌能把其中含有的蛋白质分解，生成有毒物质，同时还放出臭气，使食物很快腐败。

果蔬类的食品，在其体内氧化酶的催化作用下，其呼吸作用加强，营养成分消耗加快，使新鲜、绿色的蔬菜逐渐变得发黄、枯萎，失去了原有的外观和风味。同时因呼吸作用加强，放出热量增加，使温度升高，也会加速食品的腐败变质。另外，还有一部分食品的变质与酶无直接关系。例如，油脂的酸败，这不是酶催化的化学反应，而是油脂自动氧化的游离基反应。油脂与空气中氧直接接触，氧化后最终生成低级醛、酮、酸等化学物质，使油脂粘度增加，并出

现具有刺激性“哈喇”味儿。其他如维生素C的氧化、胡萝卜素的氧化均具有此性质，属于非酶引起的变质。

由于食物接触空气，会与空气中的氧气发生化学变化，导致食物变质。为此，人们想了许多方法防止食物腐败。比如，用盐腌制食品、用糖腌制食品、风干食品等。现在还采用制成罐头食品、真空包装食品、加入食品防腐剂等方法。把食物放进冰箱中冷藏，可以使食物腐败所发生的化学变化和生物变化的速度减慢，从而使食物保存的时间更长些，但是并不能防止食物腐败，所以用冰箱冷藏食物的时间也不宜过长。

知识延伸

放置时间过久的鸡蛋或是没有保存好的鸡蛋，会变得臭不可闻，鸡蛋为什么会发出如此臭的味道呢？鸡蛋的蛋白质中含有好多种元素，如碳、氢、氧、氮、硫、磷等。放置时间过久的鸡蛋会发生蛋白质变质。蛋白质变质是个复杂的过程，在蛋白质变质的过程中，蛋白质里的硫元素会生成一种叫硫化氢的气体。硫化氢是无色的，有很臭气味的气体。鸡蛋变质后臭不可闻的气味主要来自硫化氢。硫化氢常常被描绘为“臭鸡蛋的气味”。硫化氢是一种剧毒性的气体，当空气中混入的硫化氢达到一定浓度时，会使人中毒致死。不仅臭鸡蛋里有硫化氢，在污水沟、废弃的矿井和化工厂等地方都有可能产生硫化氢。硫化氢逸散到大气中，会对大气造成污染。

15 X 光的神奇之处

X 光是医学上常用的一种辅助检查方法，它可以穿透人的皮肤和肌肉，将人体内部骨骼和器官清晰地显示出来。临床上常用的 X 线检查方法有透视和摄片两种。有些同学们可能做过胸透，这就是利用 X 光的穿透性做的检查。

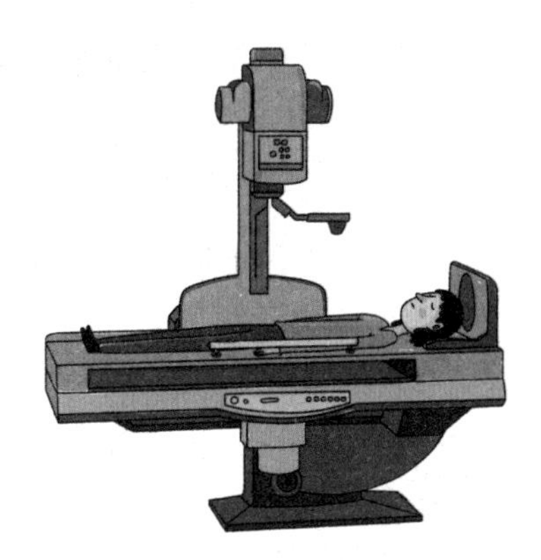

X 光检查

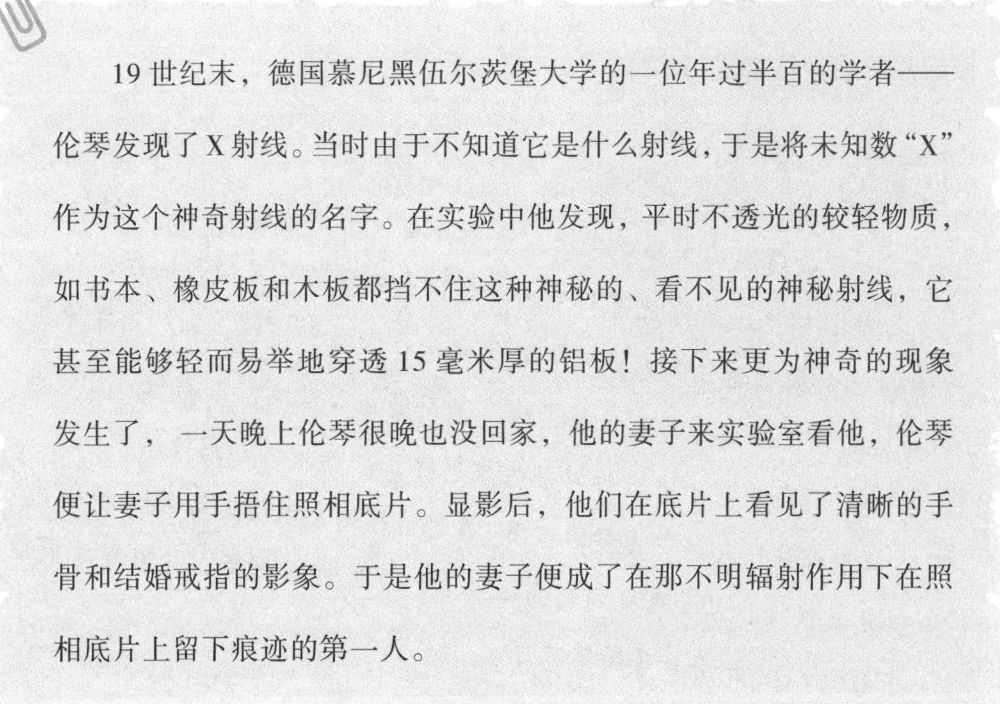

19 世纪末，德国慕尼黑伍尔茨堡大学的一位年过半百的学者——伦琴发现了 X 射线。当时由于不知道它是什么射线，于是将未知数“X”作为这个神奇射线的名字。在实验中他发现，平时不透光的较轻物质，如书本、橡皮板和木板都挡不住这种神秘的、看不见的神秘射线，它甚至能够轻而易举地穿透 15 毫米厚的铝板！接下来更为神奇的现象发生了，一天晚上伦琴很晚也没回家，他的妻子来实验室看他，伦琴便让妻子用手捂住照相底片。显影后，他们在底片上看见了清晰的手骨和结婚戒指的影象。于是他的妻子便成了在那不明辐射作用下在照相底片上留下痕迹的第一人。

X 射线的发现对于医学的价值是十分重要的，它就像给了人们一副可以看穿肌肤的“眼镜”，能够使医生的“目光”穿透人的皮肉，透视人的骨骼，清楚地观察到活体内的各种生理和病理现象。

根据这一原理，后来人们发明了 X 光机，X 射线已经成为现代医学中一个不可缺少的武器。当人们不慎摔伤之后，为了检查是不是骨折了，不是总要先到医院去“照一个片子”吗？这就是在用 X 射线照相。借助计算机，人们可以把不同角度的 X 射线影像合成三维图像，在医学上常用的电脑断层扫描（CT 扫描）就是基于这一原理。

另外，X 射线还是治疗恶性肿瘤（癌症）的一种方法，就是我们常听到的放疗，即放射治疗。目前临床常用的放射治疗可分为体外和体内两种，前者包括应用 X 射线治疗机、钴 60 治疗机或中子加速器进行治疗，后者则应用放射性核素进行治疗。

知识延伸

由于放射线的生物学作用，能最大量地杀伤癌组织，破坏癌组织，使其缩小。放疗就是利用放射线达成癌细胞致死效果的疗法，足够的放射剂量仅是对被照射部位有治疗效果，所以，和外科手术疗法相同为局部疗法。目前，除了采用高能 X 射线、γ 射线以外，开始利用高能粒子线进行对癌的放射疗法。今后可以期待这种方法在放射疗法中起到更重要的作用。放射治疗的发展历史只有 80 多年，但发展很快，从 X 线机到超高压装置，不断完善更新，并出现了质子射线，负 π 介子等特殊放疗。

Part 3

生产中的应用化学

16 最环保的化石气体

大西洋有一个令人畏惧的“百慕大三角”，400 年来在百慕大三角地带发生了无数次船只及飞机神秘失踪或遇到其他异常现象的事件。因此，百慕大三角又叫“魔鬼三角”。这里究竟是一片怎样的神奇地带呢？众说纷纭，莫衷一是。其实之所以造成飞机、船只坠沉事故，甲烷水合物才是“罪魁祸首”。

沉积在百慕大三角区海底淤泥层中的动植物尸体及遗存物等有机物质，经过了几百万年的腐烂、变质、发酵，形成了大量可燃性气体——甲烷。而所生成的甲烷气在深海低温、高压条件下又结晶成为一种特殊的冰晶类物质——甲烷水合物，又叫可燃冰。

甲烷水合物的熔点比冰的熔点要高，一旦原先那种低温高压条件有所变化，甲烷水合物就会熔化，放出大量的甲烷气体。在放出甲烷气体的过程中，海面会出现大面积不停翻滚的巨大水泡，这些水泡汇聚成云雾状气团。当轮船经过这种密度明显变小的水域时，海水无法产生足够的浮力去承受船体重量，轮船就会迅速下沉。而当飞机飞经百慕大三角海域上空时，机尾排出的灼热废气引燃了不断喷涌升空的甲烷气，结果也难逃烧毁坠落的厄运。

甲烷水合物是自然形成的，它们最初来源于海底的细菌。海底有很多动植物的残骸，这些残骸腐烂时产生细菌，细菌排出甲烷，当正好具备高压和低温的条件时，细菌产生的甲烷气体就被锁进水合物中。由于需要同时具备高压和低温的环境，它们大多分布在深海底和沿海的冻土区域，这样才能保持稳定的状态。

甲烷水合物一度被看作替代石油的最佳能源，但却由于开采困难，一直难以启用。据估算，甲烷水合物的储量极其丰富，其中含存的燃料能源量是地球常规燃料——天然气、石油、煤炭总储量的两倍。所以从能源角度看，这种甲烷水合物是一种十分宝贵的燃料能源，有着“地球留给人类最后的能源”之称。如果它真能为人所用，日益紧迫的能源危机将会因此得到缓解。可燃冰被能源科学家看作最环保的化石气体，经过燃烧后仅会生成少量的二氧化碳和水，并且能量巨大，是普通天然气的 2~5 倍。可燃冰令科学家们感到激动的地方还不止于此，它虽然在上世纪晚期才被发现，但勘测结果证明，它的储量十分巨大。

知识延伸

我国科学家在实验室条件下制造出了可燃冰，并且在东海、南海海底也发现了可供开采的甲烷水合物。尽管有关技术难关尚未攻下，但甲烷水合物作为21世纪有潜力的替补性燃料是当之无愧的。不过，从深海底提取甲烷水合物或其所含天然气成分要比提取石油、天然气难度大得多。这种经过燃烧只生成少量二氧化碳和水的绿色燃料一经发现就轰动了全世界，但至今却因为难以开采而一直沉寂于南极冻土带和深海海底。

17 钢是怎样炼成的

没有钢就意味着没有高楼大厦、没有车船枪炮，更谈不上现代化建设和人民生活的富足。因而钢被称为“工业的粮食”，是现代生活中不可缺少的部分。那么钢是怎样冶炼的，在我们生活中到底应用于什么领域呢？

在了解钢是怎么炼出来前，首先来看一下炼铁的过程。现代炼铁是以铁矿石、焦炭、石灰石和空气为主要原料，将它们按照一定的比例投入到一种特制的高炉中。在这个高炉中焦炭和空气中的氧气结合生成一氧化碳。一氧化碳具有从别的物质中夺取氧的本领，它将原本与铁结合的氧夺走，转化为二氧化碳气体，从高炉的炉顶排出。失去氧的铁经受不住炉内高温的冶炼，便变成铁水从高炉下部的出铁口流出。铁水经过冷却就形成了固态的铁，这就是我们所说的生铁。

生铁具有较大的硬度和耐磨性，但因生铁的韧性较差，所以在使用上受到一定的限制，为此人们又将它送到炼钢炉中进行进一步地冶炼，这就开始钢的冶炼了。人们将熔化的铁水倒入炼钢炉中，并不断地吹入氧气，在氧气的参与下，铁水中的碳和硫转化为气态的氧化物排放掉，其他的杂质转化为炉渣从铁水中排出，此时的铁水已非原来的铁水，它的组成已经有了一定的变化，我们将它称为钢水。钢水经过浇铸就得到了钢锭，钢锭可以轧制成各种钢材。

钢材在生活中应用非常广泛，可以说人们的生活离不开钢材，不管是在军事航天上、建筑上，还是在交通工具、日常生活中，随处都可以看到钢材的踪迹。军事航天上，如军舰、飞船等；交通工具上，如汽车、火车等；日常生活中，如钢锅、钢盆等。

然而，在铁和钢的冶炼过程中，往往需要加入多种辅料。例如，为了除去磷、硫等杂质，需要加入冶金熔剂如石灰石、石灰或萤石等；为了控制出炉钢水温度不致过高，需要加入冷却剂如氧化铁皮、铁矿石、烧结矿或石灰石等；为了除去钢水中的氧，需要加入脱氧剂如锰铁、硅铁等铁合金等。

知识延伸

人们常把钢铁连在一起说，可是钢、铁是完全不同的两种物质。这个并不难理解，我们常说“先炼铁后炼钢”，从这里同学们也能知道钢和铁是不同的两种物质。我们要先炼得铁，才能进一步炼成钢，正所谓“百炼成钢”也就是这个道理。两者相比，主要有以下不同：首先，含碳的质量分数不同，生铁的含碳量为2%~4.3%，而钢的含碳量为0.03%~2%。其次，所含的杂质也不同，生铁含硅锰、硫磷都较多，而钢含有适量的硅锰和少量的硫磷。最后，它们的性能也不同，生铁硬而脆，而钢不仅硬还较韧，有弹性。

18 煤矿发生爆炸的“真凶”

令人扼腕的矿难在全球范围内几乎每年都会发生，其中矿井瓦斯爆炸是最常见的原因，频频发生的矿难造成了巨大的人员伤亡和财产损失。罪魁祸首——矿井瓦斯是一种什么物质呢？瓦斯为什么会发生剧烈爆炸呢？

矿井瓦斯，又称为煤层气或矿井沼气，它是伴随煤层形成的过程产生的。在煤层形成过程中，一些含有纤维素的物质在厌氧型细菌的作用下被分解成为一种可燃性气体，该气体吸附在煤体微孔隙表面，这就是瓦斯。瓦斯的主要成分是甲烷，它和天然气的主要成分是同一种物质。瓦斯为什么会发生爆炸呢？原来，甲烷是一种极易燃烧的气体，在矿井中采煤时，原来储存在煤体孔隙中的气体便被释放出来，当空气中瓦斯的含量达到一定限度(含甲烷 5%~15%)时，在电火花或机械明火下易被引燃，发生剧烈反应，生成二氧化碳和水蒸气，使空气在矿井中急剧膨胀，发生爆炸。了解了煤矿发生爆炸的原因，你就明白为什么矿井必须要加强通风和严禁烟火了。

矿井沼气是矿井安全的最大敌人之一。可是，如果你利用好的话，它是一种很好的洁净能源。我国矿井沼气资源很丰富，埋深小于2000米的就有35万亿立方米，相当于450亿吨标准煤，与我国常规天然气资源量相当。你可以设想一下，如果将这些矿井沼气应用于城市用气、发电和制造化工产品方面，会有多么大的收益！目前我国在这方面刚刚起步，而美国、俄罗斯、澳大利亚等国家则已经获得了巨大的收益。这些国家都认识到，开发煤层气一举多得：有利于彻底解决煤矿的安全生产问题；有利于节省煤矿建设投资；有利于增加洁净能源，改善能源结构；有利于减少对臭氧层的破坏，保护人类生存环境。

知识延伸

今天世界各地都在沿用着机械采掘的采煤法，然后再利用煤产生热能。1888年，俄国科学家门捷列夫首先提出了煤炭地下汽化的设想，煤将不需要开采，就在地下转变成可燃气体，并且沿着管子输送到很远的地方去。煤炭地下汽化就是对处于地下的煤炭进行可控的燃烧，从而产生可燃的气体。如果这项技术成功，能够彻底解决传统的机械化采煤造成的废气、废水、废渣的污染，并使煤炭利用的产业（如电厂、焦化厂）的后续污染在源头得到解决。

19 石头如何变成玻璃

我们在日常生活中到处都能看到玻璃的身影。想想如果没有玻璃，世界将变成什么样子？我们住的房屋门窗上没了玻璃，光亮透不进来，屋内将会黑洞洞的，即使要开灯，也是办不到的，因为电灯泡同样是用玻璃做的。就连大家玩的弹珠和镜子也是玻璃做的。

玻璃如此重要，你是不是特别想知道它是怎么生产出来的呢？现在人们用来制造玻璃的原料主要是石英砂岩、石灰石和长石。其中石英砂岩是最主要的，它的化学成分是二氧化硅。石英砂岩是石头在自然界经过长期的冲积和风化而形成的。科学家们经过很多次实验，反复添加一些别的材料，其中纯碱不但能降低石英砂岩的熔点，而且能降低玻璃的黏度，使玻璃在窑炉内能像油一样流动，然后工人用这黏稠的液态玻璃或灌入模具中制成平板玻璃，或用吹制的方法制成各种容器；也可以在液态玻璃中添加不同物质（着色剂），制成有色玻璃，可以说，玻璃就是石头做的。

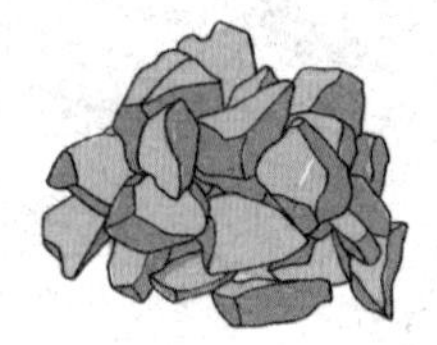

由于制造玻璃的主要原料是石英砂岩、长石、石灰石，这些原料都是天然形成的，里面或多或少含有铁的成分。正是这点铁，使玻璃的颜色略微带了点绿色。人们通过研究测出，一般绿色的或棕黄色的玻璃，含有1%~2%的铁。这么少量的铁在自然生成的材料里，是无法清除的，即使能够清除掉，成本也太高了。玻璃是一种比较便宜的产品，生产成本太高是不合算的。于是人们想，既然铁能改变玻璃的颜色，如果再加入别的氧化物，是否也能使它改变颜色呢？这个想法还真实现了。通过实验证明，往绿色玻璃里加入适量的二氧化锰，可以使玻璃变得无色；往绿色玻璃里加入适量的氧化钴能使玻璃变成蓝色等。于是我们这个世界里，就有了五光十色的玻璃。

知识延伸

银光闪闪的玻璃镜子不同于普通的玻璃，它可以清晰地映出它所“看到”的一切。是什么使得它具有如此“本领”呢？其实，翻开玻璃，你会看到在它背面涂着一层东西。那是一层镀银，最外层是保护漆。我们所使用的镜子大多数都是这种银镜。暖瓶内胆银光闪闪，它也是镀的银。现在又有人发明了用在玻璃上镀铝的方法制造铝镜。铝的来源比银广泛，且价格便宜，所以铝镜已经开始慢慢取代银镜的位置，进入我们的生活。

20 让电流畅通无阻的超导材料

超导材料就是没有电阻或电阻极小的导电材料。1911 年，荷兰物理学家卡末林·昂内斯意外地发现，将水银冷却到 –268.98℃时，它的电阻会突然消失。后来他又发现许多金属和合金都具有与水银相类似的在低温下失去电阻的特性，他把这种现象叫作超导性。

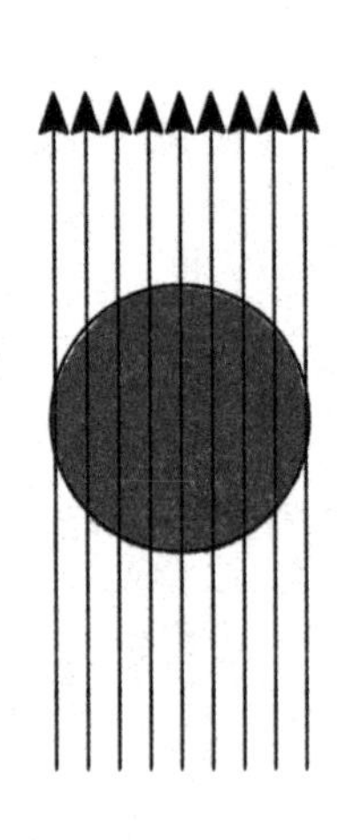

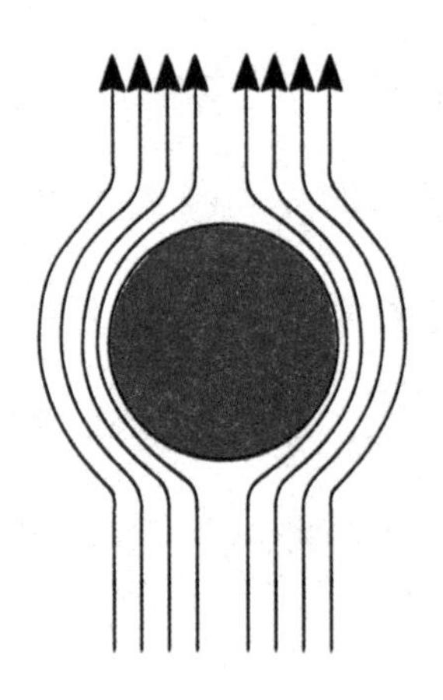

1933 年，迈斯纳和奥森费耳德两位科学家发现，如果把超导体放在磁场中冷却，则在材料电阻消失的同时，磁强将从超导体中排出，不能通过超导体，这种现象称为抗磁性。由于超导材料具有超导性和抗磁性，因此具有广泛的用途。首先，用它做输电导线不会产生发热现象而造成能量损失，因此导线可做得很细，这样就能大大节省原材料。用超导材料做发电机是最典型的例子，比如一台普通的大型发电机的线圈可能要用 15 吨 ~20 吨铜导线，但若用超导体材料做线圈，只要几百克就能产生相同的电磁力和发电能力。其实，超导材料还有许多其他用途。

你一定尝过停电之苦吧？停电除了电力不足之外，还有一个重要原因是白天和夜间用电不均匀。由于白天大量工厂开工，电力就常常不够用；而夜间只有少数工厂用电，电力大有富余。如果能把夜间富余的电力储存下来该有多好！但怎样才能储存电力呢？过去，这个问题很难解决。用蓄电池储电能力非常有限。自从有了超导材料后，这个问题就有了解决的希望。因为超导材料没有电阻，可以容纳巨大的电流而不会出现电力损失。因此一旦将多余的电流输入超导线圈中，电流就会在环形线圈中无限地流动而不会有电能损耗。而当你需要用电时，只要把超导线圈的电流接通，就可以获得电力。美国已设计出了一个可以储存 500 万千瓦时电能的大型超导储电装置。它像一个巨大的轮胎，深埋在地下，其核心部分是一个直径达

1568 米的超导线圈。当夜间用电少时，可把发电厂富余的电能储存到这个超导线圈中。让它在这个线圈中不断地循环流动，到白天需要用电时，就把它和用电装置接通。此外，超导材料在超导计算机、超导天线、超导微波器件、磁悬浮列车和热核聚变反应堆等方面也具有广泛的用途。

知识延伸

超导材料有许多种。但绝大多数超导材料只能在接近绝对零度(-273.15℃)的极低温度下才能使用，而要达到这样的超低温是很困难的。因此大多数超导材料没有实用价值和经济价值。当无数人寻找在高温下(相对于绝对零度而言的高温)有超导现象的材料时，幸运的科学家柏诺兹和缪勒在美国国际商用机器公司设在瑞士苏黎世实验室中工作时，终于发现一种在较高温度下出现超导现象的镧铜钡氧陶瓷材料，此后，各国科学家相继发现了在更高温度下有超导现象的材料。1991 年，科学家们又发现了球状碳分子 C_{60} 在掺入钾、铯、铷等元素后也有超导性。有科学家预言 C_{60} 经过掺入金属后有可能在室温下出现超导现象。那时，超导材料就可能像半导体一样在室温下工作，从而引发一场工业革命和科技革命。

21 能导电的塑料

塑料是一种合成化学材料，塑料用品在我们的生活中随处可见。塑料具有密度低、耐腐蚀、电绝缘性好等特点，经常被用于家用电器的绝缘。然而你听说过有的塑料能导电吗？

导电塑料的发明纯属偶然。1970年，日本筑波大学的白川教授在指导学生做一项用乙烯气制取聚乙炔的实验时，学生误把比实际需要量多1000倍的催化剂加入试剂中，结果得到的不是黑色的聚乙炔粉末，而是一种银光闪闪的薄膜，与其说是塑料，不如说更像金属。

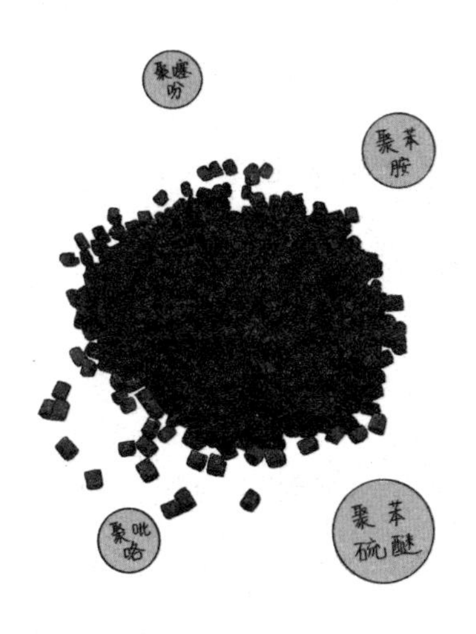

1977 年，白川在与另外两个美国人研究这种塑料薄膜时发现，掺入碘后它居然能导电，导电率增加了 3 000 万倍。尽管这样，它的导电率只相当于金属铅。随着研究的深入，人们发现除聚乙炔外，还有一些高分子聚合物加入一些试剂后也能成为导电塑料，如聚苯胺、聚苯硫醚、聚吡咯、聚噻吩等。目前，已制成一批导电性与银、铜相当的聚合物，被称为有机金属或合成金属。

白川英树

由于导电塑料具有许多优越的性能，很快得到广泛的应用。首先在实验室取得成功并走进市场的是塑料电池。美国布里奇斯通和日本精工埃普森公司合资生产了一种电池，阴极和阳极由相同的导电塑料薄膜组成，充电次数可达 1000 次以上。塑料电池体积小、质量轻，可以提供常规铅蓄电池 10 倍的电力，而且充电时间也缩短了。

导电塑料薄膜有一种特殊性能，即通过化学或物理方法可使它从透明变成不透明。丰田公司将生产的一种高级小汽车计划采用带有这种导电塑料薄膜的玻璃窗，自动挡住强烈照射的阳光。

在美国、欧洲地区国家和日本的一些实验室里已制成一系列导电塑料器件，其中包括二极管和晶体管。导电塑料的导电性跨越了绝缘体—半导体—导体 3 种状态，因此有很大的灵活性。目前的太阳能电池是由硅和其他半导体材料制成的，不仅成本高，而且效率低 (10% 以下)。一旦改用导电塑料薄膜，就可以生产出大量廉价高效的太阳能电池。科学家预言，在未来的能源工业中，导电塑料将成为重要的一员。2000 年 10 月 10 日，白川教授和其他几位科学家因对导电塑料的突出贡献，获得了当年度的诺贝尔化学奖。

知识延伸

导电塑料的另一特点是具有消除静电的功能。计算机和电子设备机房都要求抗静电防护，新型飞机上的电子器件要求防电磁干扰……这些要求都可以用导电塑料薄膜屏蔽加以解决。导电塑料还有一项重要的潜在用途，就是作为未来机器人的人工肌肉，当用电化学方法对某些导电塑料进行处理时，其体积就能发生膨胀和收缩的变化，使机器人的四肢获得必要的运动。

22 化学方法储存电能

我们在日常生活中离不开电池，收音机、录音机、电视遥控器、传呼机、手机等都需要借助电池来工作。虽然他们的大小各不相同，所用材料也有差别，但基本的原理却是相同的。随着经济的发展和人民生活水平的提高，电池的生产量和使用量越来越大。就连火箭和航天飞机也离不开电池。那么，什么样的电池可以提供如此强劲而持久的动力呢？

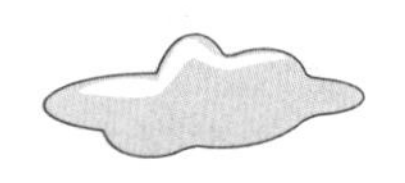

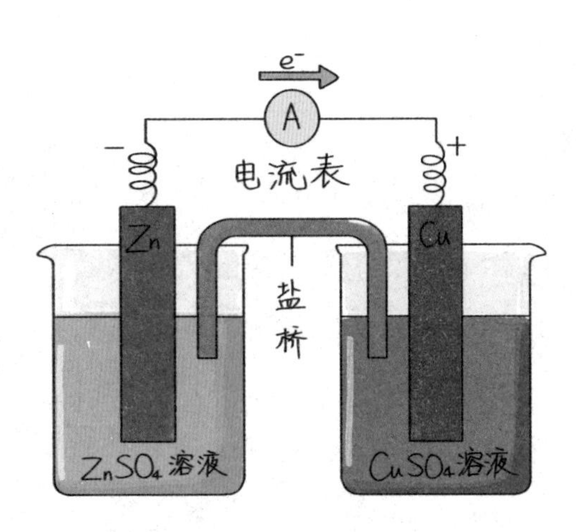

火箭和航天飞机在茫茫的太空中旅行，它们离地球那么遥远，需要的能源必须自己携带。有些新型电池，如燃料电池，具有能量高、体积小和使用寿命长等优点，深受宇航员的欢迎。

燃料电池可以使燃料在电池中以一种类似燃烧的方式产生电能，这种方式叫作氧化，氧化也可以不在高温下进行。一般燃料的利用需要先把化学能转化成热能，再把热能转化成机械能，最后才能把机械能转化成电能，最高的能量利用率不超过40%，大部分能量都被环境吸收了，而燃料电池的能量利用率可以达到80%。

燃料电池是英国的培根在20世纪30年代首先研制成功的。50年代后期，由于人类航天事业的蓬勃发展，燃料电池的研究取得了很大进展。燃料电池主要有氢－氧燃料电池、有机化合物——氧燃料电池、金属－氧燃料电池和再生式燃料电池等。它们广泛应用于人造地球卫星、宇宙飞船和小型电子仪器上。

氢－氧燃料电池是最常见的一种燃料电池。氧气和氢气分别通入由多孔碳电极制作的正极和负极中，用氢氧化钠将这两个电极隔开。目前，氢－氧燃料电池已经在宇宙飞船上作为一种电源，为宇航员提供每天的饮用水。

氢－氧燃料电池还可与其他能源配合使用。人们正在研究用太阳能将水分解为氢气和氧气，然后将它们用于燃料电池来产生电能。

当前，人类为了开辟新的能源，减少对环境的污染，正加紧对燃料电池的研究。

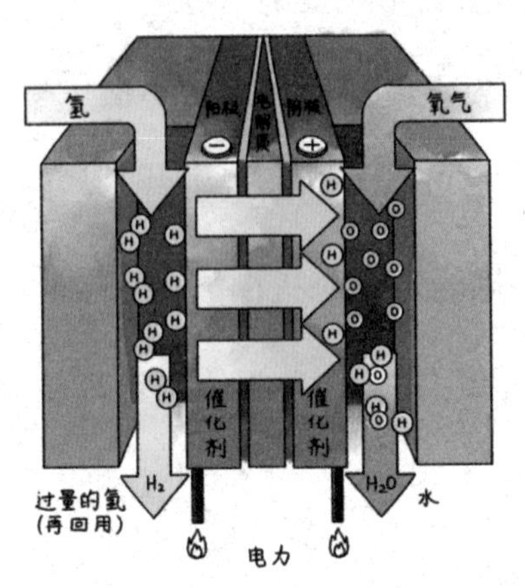

知识延伸

当一节普通的干电池完成自己的使命后就成了废旧电池。干电池、充电电池的组成是锌皮（铁皮）、汞、硫酸化物、铜帽，蓄电池以铅的化合物为主。如果将废旧电池作为生活垃圾处理，废旧电池中的重金属（如铅、汞、镉、锰）会污染水源和土壤，并且会通过各种途径进入人的食物链中，这些重金属进入人体内，长期积蓄难以排除，会损害神经系统、造血功能和骨骼，甚至可以致癌。电池中含有大量的有色金属，有色金属是地球上不可再生的宝贵资源，将废旧电池回收利用，提取其中的有用成分，废物可以变为资源。为了人类自己的生存环境，我们应该将废旧电池收集起来，千万不能乱扔呀！

23 有记忆本领的合金

在课余时间，你有没有兴趣一起来做这样一个实验？准备一个盛着凉水的玻璃缸、一根弹簧、一个热水缸。在凉水玻璃缸里，拉长一个弹簧，再把弹簧取出放到热水中，这时弹簧又自动收拢了。凉水中弹簧恢复了它的原状，而在热水中，则会收缩，在凉水、热水中弹簧可以无限次数的被拉伸和收缩。想想看，你知道这是怎么回事吗？

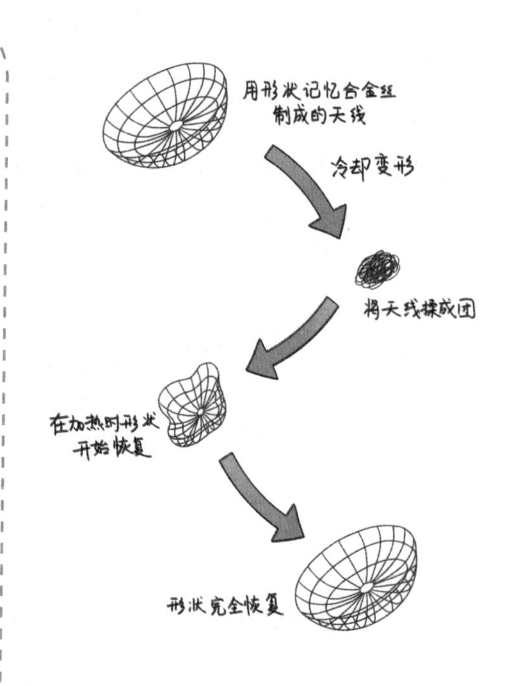

19世纪70年代，世界材料科学中出现了一种具有“记忆”功能的合金，被称为记忆合金。记忆合金真的具有如同人类一样的记忆力吗？

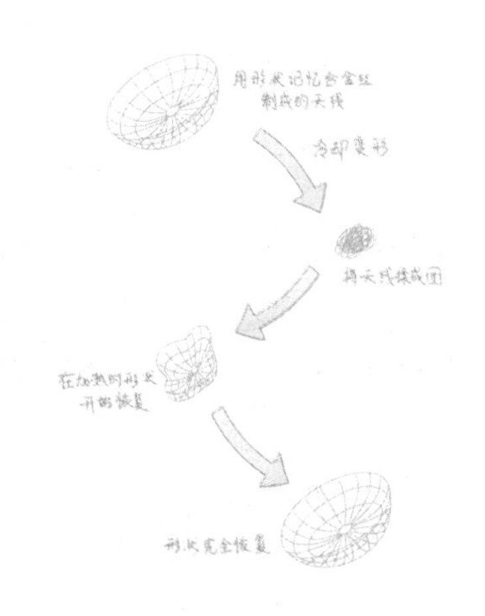

当然它不可能像人类大脑那样具有思维记忆，更准确地说应该称之为“记忆形状的合金”。它是一种颇为特别的金属条，它极易被弯曲，我们把它放进盛着热水的玻璃缸内，金属条向前冲去；将它放入冷水里，金属条则恢复了原状。像前言中的弹簧，就是由这种具有记忆力的智能金属做成的。在高温下这种合金可以被变成任何你想要的形状，在较低的温度下合金可以被拉伸，但若对它重新加热，它会记起它原来的形状，而变回去。科学家们现在已经发现了几十种不同记忆功能的合金，如镍钛合金，金镉合金，铜锌合金等。

你有没有觉得这种现象很奇怪呢？这到底是怎么回事？其实，这只是利用某些合金在固态时其晶体结构随温度变化而发生变化的规律而已。例如，镍钛合金在40℃以上和40℃以下的晶体结构是不同的，但温度在40℃上下变化时，合金就会收缩或膨胀，使得它的形态发生变化。这里，40℃就是镍钛记忆合金的“变态温度”。各种合金都有自己的变态温度。

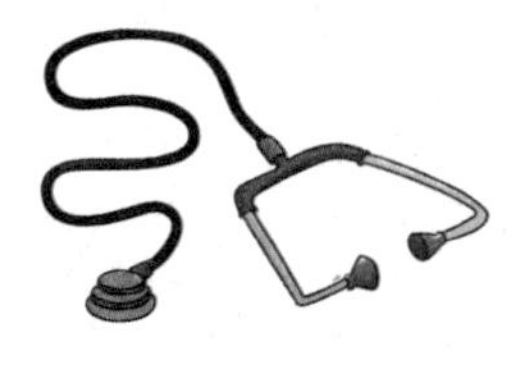

记忆合金在航天、航空、医疗、国防、核工业及海底输油管道等一些特殊条件下有着广泛的应用。

1969年7月，许多人都在观看“阿波罗11号”登月舱的美国宇航员阿姆斯特朗登月的实况，那么宇航员的形象和声音是怎样从月球上返回来的呢？原来月球和地球之间的信息是通过在月球上放置的一个半球形的天线传输过来的。那个被阿波罗登月舱带到月球上的环形天线，就是用极薄的记忆合金材料先在正常情况下按预定要求做好，然后降低温度把它压成一团，再装进登月舱带上天去。放到月球表面后，在阳光照射下温度升高，当达到转变温度时，天线又“记”起了自己的本来面貌，变成一个巨大的半球形。

记忆合金还广泛用于医疗，如血栓过滤器、脊柱矫形棒、牙齿矫形弓丝、接骨板、人工关节、人造心脏等。

知识延伸

记忆合金可以分为单程记忆效应、双程记忆效应、全程记忆效应。单程记忆效应是指记忆合金在较低的温度下变形，加热后可恢复变形之前的形状，这种只在加热过程中存在的形状记忆现象称为单程记忆效应。双程记忆效应是指某些合金加热时恢复高温相形状，冷却时又能恢复低温相形状，称为双程记忆效应。全程记忆效应是指加热时恢复高温相形状，冷却时变为形状相同而取向相反的低温相形状，称为全程记忆效应。

24 垃圾也有用武之地

有人生活的地方就会有垃圾，而且越是发达的城市所产生的垃圾就越多。有些垃圾是可以回收的，但大多数垃圾却只能填埋或者销毁，从而造成对环境的污染。世界上几乎每一个大城市都存在垃圾无处堆放、难以处理、影响市容、污染环境等问题。

处理垃圾常见的做法是收集后送往堆填区，或是用焚化炉焚化。但两者都会给环境带来二次污染。堆填区中的垃圾处理不当会污染地下水和发出臭味，而且很多城市可供堆填的面积已越来越少。焚化则不可避免会产生有毒气体，危害生物体。几乎每个城市都在研究减少垃圾产生的方法和鼓励资源回收。垃圾真的一无是处吗？其实并不是这样，随着对垃圾处理的不断深入研究，人们已经发现了许多让垃圾变废为宝的方法。

垃圾里有很多有机物，可以将它们燃烧用来发电。加拿大用90% 的煤和 10% 的垃圾做燃料建立起的发电站，发电能力为 1.5 万~2 万千瓦；荷兰的垃圾焚烧厂，每年可以利用焚烧垃圾发的电生产900 万吨蒸馏水。用垃圾发电既干净，没有怪味，又有效地保护了环境，节省了能源，垃圾燃烧后剩下的灰烬还可以做肥料。因此，垃圾发电经济效益非常高，开发垃圾发电技术已成为当今世界最新研究课题之一。

在奥地利，有人建了一个特殊的垃圾场。垃圾场的下面铺了一层厚厚的黏土，黏土层被压实，使它不易渗水。将垃圾倒进去后，用推土机推平，表面再用松脂等物质密封起来。这样，垃圾场就变成了一个密闭的沼气池，产生的沼气用来做饭和取暖都不成问题。

知识延伸

在美国，科学家开发出一种新技术，即把垃圾先变成沼气。垃圾沼气中，大部分是甲烷，其余的是二氧化碳、氮气和水蒸气。将这些气体经过压缩脱氮后，再经加热后送入蒸气罐，形成一氧化碳、二氧化碳和氢气。再利用一种神奇的催化剂使得这些气体之间发生反应，生成含有多种成分的碳氢化合物。

25 用途广泛的高分子材料

物质大多是由分子构成的，不过分子的大小有时相差非常悬殊，绝大多数物质的分子是由几个或几十个原子构成，可是，分子世界中也有一些“巨人”，它们是由成千上万，甚至几十万、几百万个原子构成。自然界存在的蛋白质、淀粉、纤维素等属于天然高分子。动植物包括人在内，就是以高分子为主要成分构成的。人工合成的塑料、合成纤维、合成橡胶等也是高分子，称为合成高分子。

在日常生活中，衣、食、住、行都离不开高分子，科学家曾预言：21 世纪将是高分子世纪。那么什么是高分子呢？由 1000 个以上的原子通过原子间的相互作用形成的化学分子量（也叫相对分子质量）达到几千到几百万的分子被称为高分子，也称为高分子化合物。一般说来，高分子化合物可分为两大类：存在于自然界中的高分子化合物称为天然高分子化合物，如我们吃的食物，穿的棉、麻、丝、毛等；还有一种是合成高分子化合物，合成高分子化合物是人工合成的、自然界中不存在的高分子化合物，如聚乙烯、聚酰胺（尼龙）、聚酯（涤纶）、聚氯乙烯等。

从1907年人类合成出第一种高分子材料到现在，人们已合成近千种高分子材料，而且有些合成高分子材料在质量上已超过金属，这些高分子材料将应用于人类活动的各个领域，高分子材料的发展如此迅猛，主要由以下几个原因决定：

第一，制造高分子的原料资源丰富。煤、石油、天然气都是高分子工业原料的重要来源，以石油为例，1吨石油可以制得合成高分子材料的最重要的原料——乙烯200千克。

第二，合成高分子材料工艺简单，生产快速，且容易制得新品种，如在一些高分子里添加一些特殊物质，就可以制得有特定功能的新型高分子。

现在高分子的应用非常广泛，工业、农业、国防、航天、航海、建筑……到处都在开发利用它。日常用途可见于机械零件、车船材料、工业管道、容器、农用薄膜、包装材料、建筑板材、管材、医疗器械、家用器具、文化体育用品、儿童玩具等。高分子的开发，大大丰富和美化了人们的生活。

现在，从日常生活到尖端科技，到处都有高分子的踪影，许多领域由于它的出现而引起了根本性的变革：高分子塑料已成为机械工业和建筑工业的基本原材料；高分子绝缘材料的出现，使电子工业得到了飞速的发展；一些可降解的高分子材料免除了环境污染的威胁；耐高温高分子材料的出现，使人类制造出了火箭、飞船，实现了人类遨游太空的梦想。在医学领域，高分子也悄悄穿上了“白大褂”，成为医生们的“得力助手”。骨的愈合是多么折磨人，现在医生们可以用一种特制的高分子“胶水”来粘牢骨头，减轻病人的痛苦；还有一种医用高分子材料，可以黏合伤口、切口，既不需要打麻药，又可以免除病人在缝线时的痛苦。

知识延伸

高分子化学真正成为一门科学，仅有40多年的历史，但它的发展却非常迅速。20世纪50年代，人们为了扩大高分子的应用，用改变化学结构的方法改变其电性能，从而制成了高分子半导体、导体、超导体。例如，在聚乙烯高分子中掺杂卤素，可使其由绝缘体变成导体，制成原电池和充电电池；再如，聚N-乙烯咔唑已用于静电复印，其制造原理也是用其他物质来改变它的结构，使它呈现出光电导性质。近年来，性能优异的高分子材料不断涌现，21世纪无疑是高分子的时代。

26 了解传奇的纳米材料

科学家们在研究物质构成的过程中，发现在纳米尺度下隔离出来的几个、几十个可数原子或分子，显著地表现出许多新的特性，从而制造出许多与原物质完全不一样的纳米材料。如今纳米材料已经不是一个新鲜的事物了，很多产品都会标注“纳米”来提高人们的关注度，那么纳米材料究竟是怎样一种材料呢？

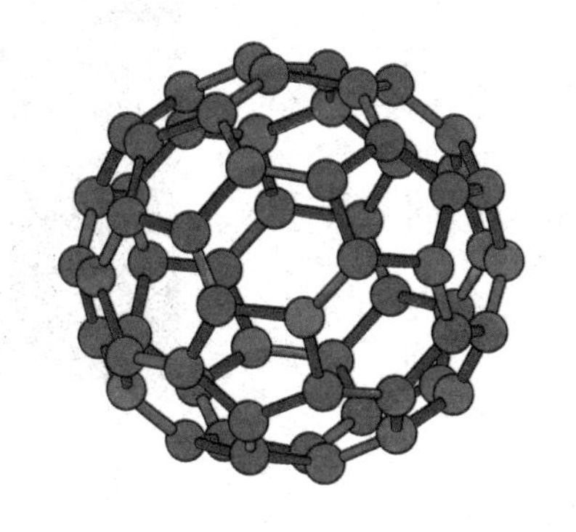

纳米技术是指在0.1~100纳米的尺度里，研究电子、原子和分子内的运动规律和特性的一项崭新技术。纳米（符号为nm）是长度单位，原称毫微米，相当于4倍原子大小，比单个细菌的长度还要小。单个细菌用肉眼是根本看不到的，用显微镜测直径大约是5微米。举个例子来说，假设一根头发的直径是0.05毫米，

把它径向平均剖成5万根，每根的厚度大约就是1纳米。也就是说，1纳米大约就是0.000001毫米。试想一下它有多么的小。如果把物质无限地分割成小颗粒，性质会不会改变呢？这便是纳米材料的发现者德国物理学家格莱特（Grant）的科学思路。如果组成材料的晶体的晶粒细到只有几个纳米大小，材料会是什么样子呢？或许会发生“翻天覆地”的变化吧！格莱特带着这些想法回国后，立即开始试验。经过近4年的努力，终于在1984年制得了只有几个纳米大小的超细粉末，包括各种金属、无机化合物和有机化合物的超细粉末。

德国科学家赫伯特·格莱特

众所周知，金属具有各种不同的颜色，如金子是金黄色的，银子是银白色的，铁是灰黑色的。至于金属以外的材料如无机化合物和有机化合物，它们也可以带着不同的色彩。可是，一旦所有这些材料被制成超细粉末时，它们的颜色便一律都是黑色的。为什么无论什么材料，一旦制成纳米“小不点”，就都成了黑色的呢？原来，当材料的颗粒尺寸变小到小于光波的波长时，它对光的反射能力就会变得非常低，大约低到小于1%。所以，我们见到的纳米材料便都是黑色的了。

纳米材料在性质上的变化确实是令人难以置信的。著名的美国阿贡国家实验室制出了一种纳米金属，居然使金属从导电体变成了绝缘体；用纳米大小的陶瓷粉末烧结成的陶瓷制品再也不会一摔就破了。格莱特的发现已经和正在改变科学技术中的一些传统概念。因此，纳米材料将是21世纪备受瞩目的一种高新技术产品。

知识延伸

把碳纳米管像三明治那样堆叠在一起时，会得到一种可吸收99%光亮的材料。这种材料的微观表面粗糙不平，可以将光分离，使光成为一个效果较差的反射镜。然后，加上碳纳米管的超导作用，最终使它具有了极完美的光吸收能力，照射到这种材料上的光几乎全部被吸收了。这种物质也因此被称为是最黑的物质，它将用于改善像望远镜那样的光学工具，甚至可以用于制造几乎100%的高效太阳能集热器。

Part 4

元素的世界

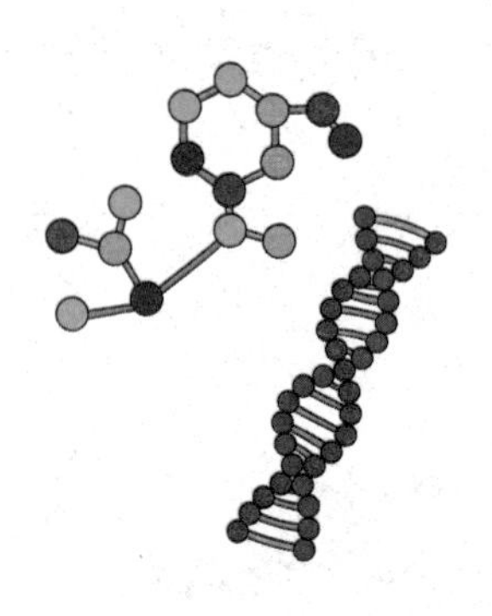

27 小小元素 组成大大世界

我们天天这样规律地生活着：上学、吃饭、睡觉……你有没有想过，我们生存的这个世界到底是由什么组成的呢？为什么会有大树、土壤、山石等？其实，这个问题，早在2000多年前就有人提出并形成了一些学说。比如，我国古代有人认为宇宙万物是由金、木、水、火、土这5种东西组成的。古希腊人也有相似的说法，认为火、气、水、土是构成万物的“基石”。真的如同上述这样，世界是由这些物质组成的吗？

在技术尚未发展到一定阶段的时候，人们对宇宙万物是由金、木、水、火、土这5种东西组成的观点深信不疑。随着科学技术的发展，人们通过对多种物质进行科学实验、研究和分析，终于对物质组成有了新的认识，并得出了世界万物都是由为数不多的最基本的、最简单的成分（如氧、氮、氢、碳、铁等）组成的。这些最简单的、最基本的成分被称为“元素”。例如，水就是由氧和氢两种元素组成的。

截至 2010 年，人类已经发现了 118 种元素。在这些元素中，有 94 种可以在自然界中找到，其余元素都是科学家用人工方法制出的。

我们生活的这个世界到处充满着物质，而元素是组成物质的“基石”。

这 118 种元素在不同的条件下，通过各种不同的结合方式，可以组成许许多多的物质：氧元素与碳元素结合可以形成一氧化碳和二氧化碳；氧元素、氢元素、碳元素三者通过不同的结合方式，可以形成众多的与我们息息相关的有机物质，如蔗糖、酒精、淀粉等。

当然也有单一元素组成的物质。比如，铜是由铜元素组成的；铁是由铁元素组成的等。

需要知道的是，就连我们人类自身也是由 60 多种元素组成的。

知识延伸

我们每个人的名字都有其特殊的含义，有的是给予了父母的愿望，有的是有一定的纪念意义，有的……说到这儿，你是不是在心里开始想：这么多的元素，它们的名称是怎么来的呢？有没有什么特殊的意义呢？除了从古代中国就发现而且常用的元素（金、银、铜、铁、铂、锡、硫、碳、硼、汞、铅）以外，其他元素的名称大多是十九、二十世纪创造的，它们由部首和表示读音的部分组成，读音部分基本上是根据欧洲和北美洲现代或中古化学家或地方的名称而定的。比如：锿，(Einsteinium，Es)，以纪念犹太裔德国物理学家爱因斯坦而命名；钋，(Polonium，Po)，是居里夫人为纪念她的祖国波兰（拉丁语为 Polonia）而起的名字。

28 人体内含有多种元素

我们人类自身也是由 60 多种元素组成的，你在看到这句话时，有没有产生疑惑？你应该有过被爸爸妈妈带着到医院检查微量元素的经历吧？的确，我们人体就是元素的结合。

人跟自然界的其他物质一样，也是由化学元素组成的。自然界中存在的 90 多种化学元素，在我们的身体中能找到 60 多种。这些元素在人体内含量不等，差别很大。通常根据元素在机体内的含量高低，可划分为宏量（常量）元素与微量元素两种。含量占人体总重量万分之一以上称宏量元素。含量占人体总量万分之一以下称微量元素。

人体中的宏量元素共有 11 种，按照含量从高到低的顺序，它们分别是：氧、碳、氢、氮、钙、磷、钾、硫、钠、氯和镁。含量最高的氧元素，占人体总重的 65%，而镁含量只有 0.05%。宏量元素对于人体的重要性是不言而喻的，含量最丰富的氧、碳、氢 3 种元素是构成人体各器官的主要成分，可以说没有这三种元素，也就没有了人体。钙是骨骼的重要成分，青少年发育期需补钙，以促进骨骼的正常生长，老年人如果缺钙，骨骼会变脆容易发生骨折。

微量元素与宏量元素相比，虽然在人体中的需求量很低，但其作用却非常大，如果缺少了这样那样的微量元素，人就会得病，甚至导致死亡。正常人每天都要摄取各种有益于身体的微量元素。现已查明至少有 10 种微量元素是人体内不可缺少的，它们是：铁、锌、铜、铬、锰、钴、氟、钼、碘和硒。以铁为例，它虽然在人体的总重量中占比很小，但却是血红蛋白的重要成分。再如锌，它在人体中的总量也是很少，但对人体多种生理功能起着重要作用，可以加速生长发育，增强抵抗力等。

人体是元素的结合，体内元素是否适量与人体的健康与否有着直接的关系。当人体缺乏某种元素时，机体的表现就是患有某种疾病。因此，人体内的元素在医学上有着广泛的应用。比如，患者到医院就医时，不管是注射还是输液都离不开人体内所含的一些元素。另外，人体中的微量元素不但维持正常生理功能，而且它们在人体中含量的多少也会影响到人的智力、情绪等，随着这种认识的产生，一些体内补充类的营养品也应运而生，钙片、铁剂、锌剂等在市场上到处可见。

知识延伸

人体是60多种元素按一定比例组成的有机体，各种化学元素分别起着自己特定的作用，彼此相辅相成，维系着人体生命的活力，人的一些疾病就是某种元素缺少或偏多造成的。人体所需的各种元素可以通过饮食和呼吸摄入，因此饮食结构对于确保体内各种元素的适量和平衡起着关键的作用。需要提醒青少年朋友的是，人体所需元素分布于多种食品中，所以你一定不要偏食哦。

29 为金属排一个队

金属大量存在于自然界，它们的用途非常广泛，对人们的生产和生活有着非常重要的意义。你知道最轻的金属和最重的金属是什么吗？在金属家族中，锂是所有金属中最轻的一种。等体积的锂与水相比，锂的质量仅是水的一半。而最重的金属是锇。它的密度为 22.57 克 / 立方厘米。与同体积的铝相比，它的质量比铝大 7 倍还多。

如果将一小块金属锂和一枚铁钉投入盛满煤油的容器中，你会发现铁钉沉到了煤油底部，而锂块却浮在煤油表面。这是为什么呢？原来在相同的外界条件下，铁的密度大，锂的密度小，煤油的密度居于二者之间。所以等体积的上述三种物质的质量，铁最大，锂最小，煤油居中。

由于质地坚硬，人们常将锇与铱混合制成了硬度很高的合金，并利用锇铱合金制造一些仪器的主要零件，如指南针等。我们使用的钢笔的笔尖，有些就是用锇铱合金材料制成的。

科学家利用锂轻的特点，将它与镁混合制成了一种超轻型材料——镁锂合金。这种合金比木板还轻，放在水里也不沉底，而且它强度大，塑性好。如果将锂用在火箭和宇宙飞船上，可以大大降低它们所承受的重力。

锂性格活泼，非常喜欢结交“朋友”。如果把它置于空气中，它会迅速与氧气“手拉手”地燃烧起来，向外释放热量。这时你要想将火扑灭，可以用沙子遮盖，千万别用水浇。因为锂在水中性情会变得更加狂躁，它会在水面上四处乱窜，并强行“赶走”水分子中的部分氢原子，氢原子两两组合成氢分子，聚集成氢气，从水中“逃出”。氢气又是一种极易燃烧的气体，它在空气中遇火就着。所以用水去浇灭由锂燃烧产生的火，无疑是“火上浇油”。由于锂具有广交“天下朋友”的性格，使得我们在自然界无法找到它独立存在的身影。

锂具有广泛的用途，用它制成的电池不仅小巧，而且使用寿命长。锂在原子能工业、航天技术工业及有机化工等方面都发挥着重大作用。

钺在化工生产上具有重要的用途。它是生产氨（一种重要的化工原料和农用化肥）的重要帮手，利用它可以在较低的温度和压力下制造氨，从而降低生产成本，提高生产效率。粉末状的钺在空气中不稳定，可以和氧气缓慢结合，生成具有挥发性的新物质。这种新的物质具有特殊的气味，即使它的量很少，也可以被人闻到。该物质的蒸气没有颜色，是一种有剧毒的物质，能够强烈刺激人的呼吸道，使人中毒。它也能够对人的眼睛造成伤害，甚至使眼睛失明。

知识延伸

知道了最轻和最重的金属，那最软和最硬的金属是什么呢？你听说过铯这种金属吗？它是金属王国中最软的金属，柔软得像橡皮泥一般，可以用小刀任意切割。铯是在 1860 年由德国化学家本生首先发现的。铯身披银白色的外衣，天性活泼，喜欢交“朋友”。在自然界总是和各种各样的“朋友”在一起。工业上制取金属铯可不是一件容易的事，需要采取强制的手段才能将它和“朋友”拆开。堪称金属硬度冠军的是铬。它不仅硬度大，而且延展性也很好。铬的外表银光闪闪，即使将它长期放在空气中也不生锈，它的这种耐空气腐蚀的性能在金属王国中是出类拔萃的。混有铬的氧化铝具有美丽的红色，被人们称为“红宝石”。

30 非同一般的“航天金属”

1999年11月20日至21日，中国载人航天工程第一艘“神舟”无人试验飞船飞行试验获得了圆满成功……2008年9月28日，神舟7号完成使命后成功着陆。随着航天事业的不断发展，对航天材料的要求也越来越高。你有没有想过，到底是什么金属才能承担如此重大而光荣的使命呢？

摩擦生热的道理，想必同学们都知道。摩擦的速度越快，产生的热量越大。那么，飞机、飞船在飞行的过程中与空气摩擦肯定会产生巨热，有资料表明飞机与空气摩擦，可使周围温度上升为400℃~500℃。因此，航天材料必须要具有质轻、耐高温等特点，金属元素钛正好具备了这些特性。

钛的硬度与钢铁差不多，而它的重量几乎只有同体积的钢铁的一半，钛虽然稍稍比铝重一点，它的硬度却比铝大2倍。钛的比强度（强度）位于金属之首，比强度是指材料的抗拉强度与材料表观密度之比。

钛具有良好的耐热、耐冷性能，在 -253℃ ~500℃的温度范围内都能保持很高的强度和良好的韧性，并且有密度小的优势，夺取了航天金属的“桂冠”。

将钛和铝混合制成钛铝合金时，它的工作温度可提高到 1040℃。在新型喷气式飞机的发动机中，钛合金已占整个发动机重量的四分之一左右。比如，波音 747 飞机中钛合金约占发动机重量的 28%，在最新出现的超声速飞机上钛合金的使用几乎占到整个机体结构总重量的 95%。在火箭、人造卫星和宇宙飞船上也使用了大量的钛合金。目前世界上生产的钛及钛合金，大约有 3/4 用于航空航天工业。

从发现钛元素到制得纯品，历时 100 多年。而钛真正得到利用，认识其本来面目，则是 20 世纪 40 年代以后的事情了。

钛和钛合金大量用于航空工业，有“空间金属”之称。另外，钛还具有很强的抗腐蚀性，它还荣获了“潜海金属”的称号，被广泛用来制造潜艇、军舰等。

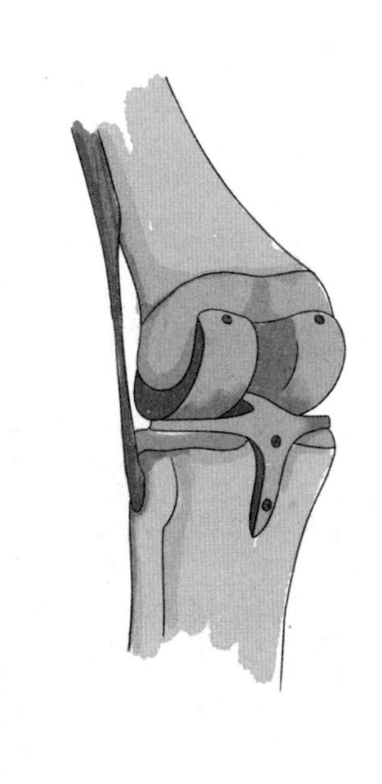

钛在外科医疗手术上也有广泛的应用。由钛合金制作的医用材料，无毒且人体对它无排斥反应，现已应用于制造人体各种关节、头盖骨、主动脉心瓣等人造器官。

利用钛对空气的强大吸收力，可以除去空气，造成真空。比如，利用钛制成的真空泵，可以把空气抽到只剩下十万亿分之一。

知识延伸

任何事物都是优缺点的结合，钛也不例外，有这么多优点的钛，最大的缺点是难于提炼。主要是因为钛在高温下可以与氧、碳、氮以及其他许多元素化合。因此，不论在冶炼或者铸造的时候，人们都得小心地防止这些元素“侵袭”钛。在冶炼钛的时候，空气与水是严格禁止接近的，甚至连冶金上常用的氧化铝坩埚也禁止使用，因为钛会从氧化铝里夺取氧。现在，人们利用镁与四氯化钛在惰性气体——氦气或氩气中相作用，来提炼钛。

31 氮气无毒为何能伤人

由于氧气有强烈助燃的特性，易引起爆炸着火事故，因此在氧气的生产过程中，需要人们引起高度的警惕和重视。但是对于氧气生产中的副产物——氮气，往往被人们所忽视。近年来随着氮气在工业上应用越来越广，用量越来越大的同时，多次引起惨痛的窒息事故。这到底是怎么回事？氮气不是无毒气体吗？怎么会伤人呢？

氮气是无色、无味、无毒的气体，不容易与其他物质发生化学反应。它本身是不会对人体造成损伤的。可是，现实生活中，由氮气造成窒息的事故却层出不穷。我们有必要对氮气有个详细的了解。

氮气本身无毒，但在氮气的制备及使用过程中，生产装置、工艺管道的泄漏，安全装置失灵，检修过程中因未佩带安全防护用具或因防护不当等，都可能发生氮气窒息事故。氮气的危险性在于氮气的存在，会使环境中的氧气含量达不到人体呼吸应有的安全范围，从而造成缺氧窒息的事故。轻度的窒息者最初会感到胸闷、气短、疲软无力；继而又烦躁不安、极度兴奋、乱跑、叫喊、神情恍惚、步态不稳，称之为“氮酩酊”，可进入昏睡或昏迷状态。严重窒息者可迅速昏迷，因呼吸和心跳停止而死亡。潜水员深潜时，可发生氮的麻醉作用；若从高压环境下过快转入常压环境，体内会形成氮气气泡，压迫神经、血管或造成微血管阻塞，发生“减压病”。

随着时代的进步，氮气的应用越来越普及。不管是在国民经济还是在日常生活中，我们都可以看到对氮气应用。比如：我们将氮气充灌在电灯泡里，可防止钨丝的氧化和减慢钨丝的挥发速度，延长灯泡的使用寿命；可以用氮气来代替惰性气体作焊接金属时的保护气；在博物馆里，常将一些贵重而稀有的画页、书卷保存在充满氮气的圆筒里，这样就能使蛀虫在氮气中被闷死；还有不少地区也应用氮气来保存粮食，叫作“真空充氮贮粮”，亦可用来保存水果等农副产品；还可以利用液氮给手术刀降温，使手术刀成为“冷刀”，医生用“冷刀”做手术，可以减少出血或不出血，手术后病人能更快康复。

知识延伸

氮气无色、无味，我们是不能仅凭感官判断相对封闭空间中氮气是否超标的。当空气中氮气浓度升高，氧气浓度降低时，窒息性事故的发生往往没有明显的预兆。据资料记载，氮气窒息事故发生时，受害者只要在相对浓度较高的氮气空间中停留 2 分钟就很难自救。因此，在氮气的制备及使用过程中，一定要做好防范工作。

32 雷雨让空气变清新

为什么在暴雨来临之前，天气往往是混沌闷热，而雷雨之后空气就会变得清新呢？有的同学可能会丝毫不加考虑的回答，是因为经过雨水的清洗，空气中的浮尘很少甚至没有了。真的就是因为这个原因，雷雨让空气变得清新吗？

雷雨后空气变得清新，很多人都认为是因为雨水吸收地面和空气热量蒸发使环境降温；雨水可以洗涮空气中的尘埃并溶解可溶性污浊气体从而使空气清新。当然这也是一方面，除此之外，还有一个重要的原因就是臭氧的功效，因为雷雨，空气会产生臭氧。而因臭氧具有较强氧化性的特点，它被世界公认是一种广谱、高效的杀菌剂。人们利用臭氧的特点广泛应用于日常生活中。臭氧的氧化能力比氯高1倍，灭菌速度比氯快600~3000倍，甚至只需要几秒就能杀死细菌。

臭氧可以杀死细菌繁殖体和芽孢病体、真菌，并可破坏肉毒真菌等，常见的大肠杆菌、类链球菌、绿脓杆菌、金黄葡萄球菌、毒菌等，在臭氧的环境中15分钟，其杀灭率即达到99%以上。更重要的是，在杀菌和消毒的过程中，没有任何残留和二次污染，臭氧可以自行还原为氧气和水，这是其他任何化学毒剂都没有办法做到的。

原来，在雷雨天气，闪电将空气中的部分氧气转化为臭氧。臭氧与氧气同属一个家族，它们的组成元素都是氧，但是臭氧分子比氧分子的“个子”大。一个氧分子由两个氧原子构成，而一个臭氧分子由三个氧原子构成。这就造成了这“哥儿俩”的差异：在常温下氧气是无色无味的气体，而臭氧却是具有美丽的淡蓝色、稍有臭味的气体。少量的臭氧，人们几乎嗅不到它的气味，它可以使空气变得清新，同时还具有很强的杀菌作用。另外，雷雨之后，会产生很多的负氧离子，它不仅可以消毒、杀菌、除臭、净化空气，而且还具有改善心肌功能、肺功能和增强免疫力的保健作用，对神经系统产生作用，使之有一种“愉悦”般的兴奋。

知识延伸

自然界中的臭氧主要存在于地球表面1.2万米至3.5万米的高空中，在太阳紫外线作用下形成一个臭氧层。它是屏蔽地球表面上生物不受紫外线侵害的保护层。它可吸收90%的紫外线，是人类的忠诚“卫士”，对维持地球的生态环境有着无法替代的功能。空气中臭氧的含量在百万分之一以内时对人体很有益，因微量的臭氧能刺激中枢神经，加快血液循环，增加血液中的活氧量，活化细胞，但高浓度的臭氧会使人感到不舒服，甚至会伤害人体，因此必须控制臭氧的产生量。

/作者简介/

张端，材料学博士，首都师范大学初等教育学院硕士生导师、小学教育教学示范中心主任，全面负责小学教育实验室建设与课程体系建设；承担国家自然科学基金项目和北京市自然科学基金项目 4 项，先后在国际 SCI 收录期刊发表高水平学术论文 10 篇，申请国家发明专利 4 项，指导本科生获省部级奖项 16 个。

策划编辑：杨丽丽　　责任编辑：张世昌
特约编辑：尚论聪　　封面设计：周　飞

彩虹糖童书馆
Rainbow Candy Kids' Book House